一本书
秒懂科技史

洋洋兔　编绘

石油工業出版社

图书在版编目（CIP）数据

一本书秒懂科技史 / 洋洋兔编绘 . -- 北京 : 石油工业出版社 , 2021.8
ISBN 978-7-5183-4526-7

Ⅰ . ①一… Ⅱ . ①洋… Ⅲ . ①科学技术 – 技术史 – 世界 – 青少年读物 Ⅳ . ① N091-49

中国版本图书馆 CIP 数据核字 (2021) 第 032440 号

一本书秒懂科技史
洋洋兔　编绘

选题策划：王　昕
责任编辑：王　磊
出版发行：石油工业出版社
（北京安定门外安华里2区1号 100011）
网　址：www.petropub.com
编辑部：(010)64523616　64252031
图书营销中心：(010)64523731　64523633
经　销：全国各地新华书店
印　刷：昌昊伟业（天津）文化传媒有限公司

2021年8月第1版　2021年8月第1次印刷
880毫米×1230毫米　开本：1/32　印张：9
字　数：140千字

定　价：49.00元
（图书出现印装质量问题，我社图书营销中心负责调换）

目录

01 / 石器时代

20 / 青铜时代

50 / 铁器时代

86 / 大航海时代

124 / 机器时代

172 / 电气时代

254 / 信息时代

石器时代

人类最早拿起的工具——石器出现啦

石器是人类用岩石做的工具，它比木棍和兽骨更坚硬、耐用，又**比金属更容易获取和加工**，所以在很长一段时间里，都是人类的主流工具。

要想制做石器，首先需要找到一块合适的岩石和用来加工它的石头。然后用砸击、锤击或碰撞等方法**把岩石加工成石核**，这个过程中被打下来的部分就是**石片**。

石核较大较重，刃也不是很锋利，其中单面刃的被称为**砍砸器**，双面刃的被称为**敲砸器**，功能相当于今天剁肉的刀和锤子。

石片体积相对较小，刃也比较锋利，一般会被做成**刮削器或尖状器**，作用和我们今天用的菜刀和匕首差不多。

石器陪伴着人类走过了最初的二百多万年，比金银铜铁等材料制成的工具使用的时间都要长，在人类的发展历程上是不可替代的存在，对人类的发展有着非常重要的意义。

通过砸击、锤击等方式做出来的石器被称作**打制石器**，将打制石器加以研磨，就做成了光滑锋利的**磨制石器**。如果在上面磨出孔洞，就可以更稳定地固定在木棒上，使用起来也更方便。

石器时代

一起点个火吧——钻木取火

早在 100 万年前，人类就学会了用火。火虽然能够带来光和热，还能够**帮助人类驱赶野兽**，但是火不方便保存，所以远古时代的人类尝试了很多种取火的办法。

人类最早学会的是**击石取火**，用金属矿石砸坚硬的火石。当它们之间产生火花时，想办法让火花落到如干草等非常易燃的引火物上，引火物被点燃了，取火就成功了。

后来人们发现摩擦可以生热，就想出用**钻木的方式取火**。首先用工具在木板上凿出凹槽（cáo），再把引火物垫在木板下，用脚踩住木板，快速转动插在凹槽里的木棒，就可以点着火了。

不过钻木取火十分费力，所以人们又发明了**弓钻取火**和**藤条取火**，利用弓钻和藤条人们能够轻松而快速地转动取火用的木棒，这是取火史上的一大进步呢！

随着人类对取火方式的探索，取火变得越来越简单，人类对火的应用也越来越纯熟，这不仅大大改善了人类的生存环境，也为后来冶金与制陶等技术的出现打下了坚实的基础。

石器时代

我们会说话啦——语言的诞生

原始人类最初可以发出一些**特殊的叫声**来交换信息，但由于当时的人类脑容量很小，发音系统也不够完善，所以发出的声音不够清晰，也没有逻辑，算不上是语言。

随着人类的进化，人类越发意识到和他人合作的好处，以及沟通的重要性。这就**需要一个能让对方理解自己意思的工具**，那就是语言。

在大概十万年前，人类的脑容量已经与现代人差别不大，而且可以**发出清晰的音节**了。于是，当时的人类就像初生的婴儿一样，开始创造他们的语言。

从“咿（yī）咿呀呀”地发出简单的音节，到形成我们所熟知的复杂多样的语言体系，**人类花了十万年**。至今，人类的语言还在不断地发展与进化。

语言的出现使人们在交流时解放了肢体，大家都可以简单又准确地传递出自己的想法，**实现沟通与合作的目的**。所以，它的发明对人类文明有着非常重要的意义。

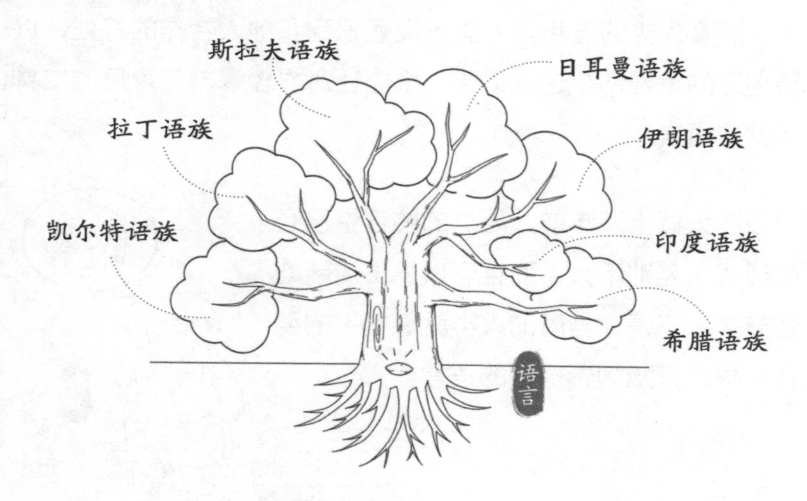

石器时代

远程武器就是棒——弓箭出现啦

不管是打猎还是保卫家园人类都需要武器。人类最初的武器只是一些简陋的棍子或石块，只能攻击近距离的目标，于是人类开始发挥聪明才智，**研制远程武器**。

人类最早发明出的远程武器是箭，用法**类似**于现在的**标枪**，就是把削（xiāo）尖了的木棍用力投出去，但一般人扔不了很远，杀伤力也很有限。所以人们又发明出了弓，用弓来射箭就可以射得很远，杀伤力也大大增强。

为了提升弓箭的威力，人们开始在箭上做文章，比如在箭头上插入尖尖的石片、骨头或贝壳。为了让箭飞得更远更准，人们还在箭尾插入了**羽毛**。

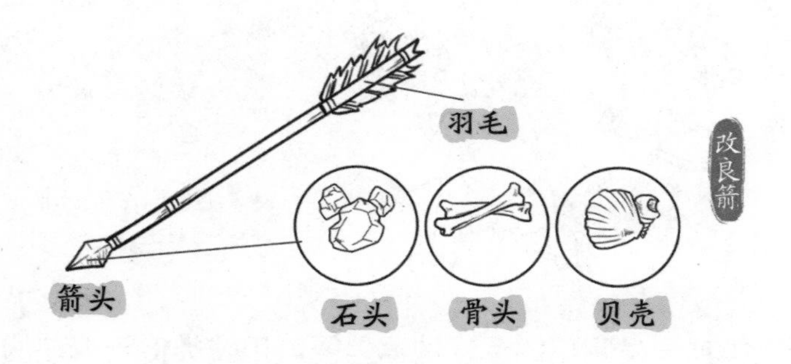

相比于同时期的投掷类石器，弓箭更轻便也更有技术含量，攻击目标时也能**更加精准**，所以它被不断改进并保留下来。不同的地域还生产出了很多各具特色的弓箭。

弓箭的发明对才刚刚起步的人类来说十分重要，人类利用弓箭可以获取更多的猎物，也能够更好地保护自己，大大提高了人类的生存率。同时它也改变了人类征战的方式。

石器时代

可塑型的器具——陶器出现啦！

人们很早就发现**黏土**是十分神奇的东西，只要在其中加入水就可以让它变得富有黏性且易于塑形，将它**晒干后还会变得更加坚硬**，很适合用来做东西。

在人类能够熟练地使用火之后，人们也开始把黏土放到火中烧制，烧制过的黏土会更加结实、坚硬，加入一种叫方解（jiě）石的矿物之后，黏土便被改良为了**陶土**，烧制出的陶器也更防水耐火了。

陶土十分柔软，用双手就可以塑形，还可以根据自己的需要，用不同的土配制出不同的**陶泥**，烧制出的陶器也会有不同的颜色和性质。

通过对陶器的使用，人类得到了更加迅速的发展，陶器的发明也成了人类发展史上的一个**里程碑**，它揭开了人类利用自然的新篇章，对人类具有重大的历史意义。

石器时代

人类的好朋友登场——驯化狗

研究表明，我们身边的狗都是**由狼驯化**而来的。

在一万多年前，一部分狼发现，在人类活动区域附近总能捡到吃剩的动物尸体。**为了获得食物**，它们便开始在人类附近生活，并试图接近人类。

而人类也逐渐发现，狼具有十分优秀的嗅觉和听觉，也许可以成为很好的助手，于是开始**选择它们中温顺、适合工作、甚至是漂亮的个体来驯养**。

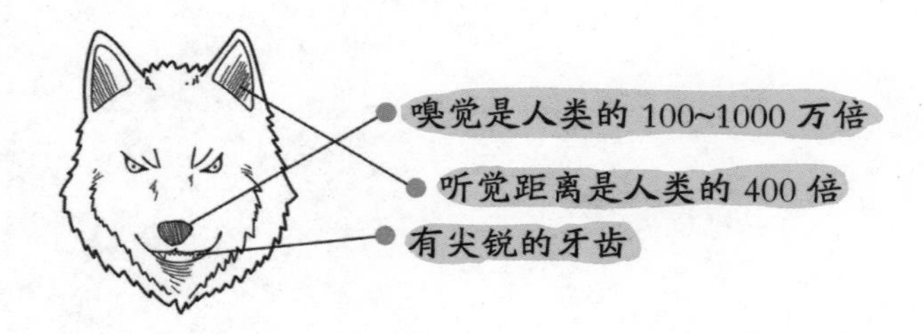

经过无数代的**驯化和培育**，人类的好朋友——狗，出现了。它们十分温顺，愿意服从人类的命令，而且可以承担一部分的工作，比如**帮助人类打猎、放牧或进行警卫工作**。

远古人类的肉食很少，有时人们只能拿些谷物喂狗。谷物的主要成分是淀粉，于是狗为了能适应和融入人类社会，慢慢进化出了消化淀粉的能力。

迄今为止，人类**已经培育出 400 多种**具有独特的体格、毛色和习性的狗，它们活跃在世界的每一个角落，帮助人们完成各种各样的工作，并为人们带去温暖和欢乐。

石器时代

人类最早开始利用的金属——铜

石器的出现是人类的一大进步，但是用石头打制工具比较费劲，而且使用起来也不太方便。

后来，人们在偶然间发现了铜，这种金属，开启了人类利用金属材料的历史。

铜来源于矿石，它们分布在世界各处。与坚硬的石头不同，铜更便于加工，人们可以随心所欲地将它做成需要的样子。

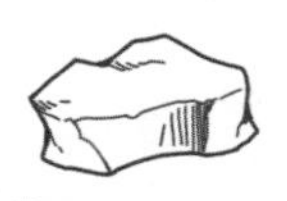

石头：坚硬，易碎，形状难以打造，到处都是。

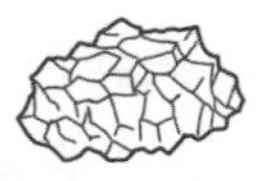

铜：很软，随心所欲打造造型。

古人常用到的是天然铜（红铜），它很软，只比指甲更硬一些，最初，人们只是把它**做成首饰**或者摆在家里的装饰品。

后来，人们发现铜的熔点很低，提炼起来十分方便。通过不断尝试，人类终于掌握了从矿石中提炼金属的方法，锡、铅等金属也被发现了。人类文明从此步入了金属时代。

石器时代

最早的船——独木舟

从很早开始，人们就发现木头可以漂在水上，于是产生了**乘坐木头渡河的念头，并发明了独木舟**。最早的独木舟有两种，一种是由水中捞到的槽状朽（xiǔ）木加工成的，一种是用石器在树干上挖出凹槽做成的。

一开始加工树干是个非常困难的工作。后来，人们**用火**就能更快地做出一艘独木舟。

独木舟是船的祖先，不管是公园里的游船、运动场上的皮划艇，还是海上的各种现代化舰船，都是由它演变而来的呢！

石器时代大事记

大约在 350 万年前，人类诞生。人类没有强壮的身体，也没有锋利的爪（zhǎo）牙。但是人类拥有地球上最聪明的大脑，这一优势让人类迅速崛起为顶尖物种。

从距今 260 万年延续到 1 万多年以前，这段时间被称为**“石器时代”**。因为当时的人类没有发达的技术，所以只能就地取材。为了对抗拥有利爪的猛兽，旧石器时代的人们将石头和木头制成合适的工具，以便捕食猎物和防身。除此之外，人类还掌握了**人工取火**，这具有划时代的意义。因为，火和石器是人类所有科学技术的源头。

约 350 万年前	人类诞生（南方古猿）
约 240 万前	能人出现
约 200 万年前	直立人出现
约 13 万年前	现代人类出现
约 7 万年前	多巴巨灾
约 1.28 万年前	新仙女木事件

青铜时代

自给自足丰衣足食——最早的农业

随着人口的增长，靠捕猎和采集所获得的食物难以养活所有人。于是，人们开始**有意识地种植植物并驯养动物**，从此诞生了农业生产。

要想种植农作物，就需要开垦土地。古时候的开垦方式被称作**“刀耕火种”**，就是先砍倒树木，后放火焚烧，将森林变为可耕种的田地。

古人播种的方式比较简陋：用削尖的木棒在土地上凿出孔洞，把种子播撒进去，再盖上一层薄（báo）薄的土，就算播种完成了。

为了在收获之前不至于饿肚子，人类还继续着**采集和捕猎**的活动，并在猎物中挑选出温顺、好养活、肉多又好吃的动物，把它们饲养起来，当作储备粮。

农业的出现使人类渐渐结束了游猎生活，开始定居下来。而农业带来的充足的食物，使人类能获得更好的生存环境，从而为快速发展文明奠（diàn）定基础。

青铜时代

合金冶炼开始啦——金灿灿的青铜器

在人类发现铜后，又陆续发现了锡、铅等其他金属。经过摸索和研究，工匠在铜里掺入锡和铅，**炼出了合金**，叫作青铜，刚做出来的青铜是金灿灿的，在中国古代又被称为“**吉金**”。由于它的铜锈是青绿色的，所以由它制成的器具被后人称为青铜器。

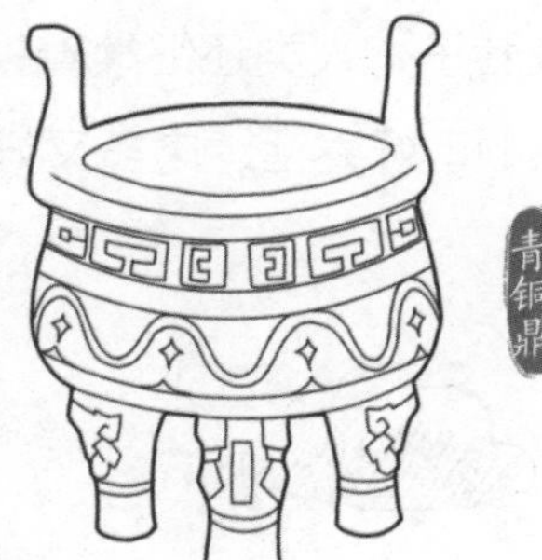

铜、锡、铅的熔点为 800 ℃左右，纯铜约为 1083 ℃。

青铜熔点低、硬度比纯铜高了 2 倍以上，而且耐磨，耐腐蚀。金属制品在古时候是十分珍贵的东西，只有少数贵族才能使用，也是身份地位的象征。

随着冶炼技术的提高和大量铜矿的开采，青铜逐渐被应用到生活各个方面。但铸造青铜器，在当时仍然是很难的高科技，会**铸造铜器的工匠更是稀缺的高级人才**。

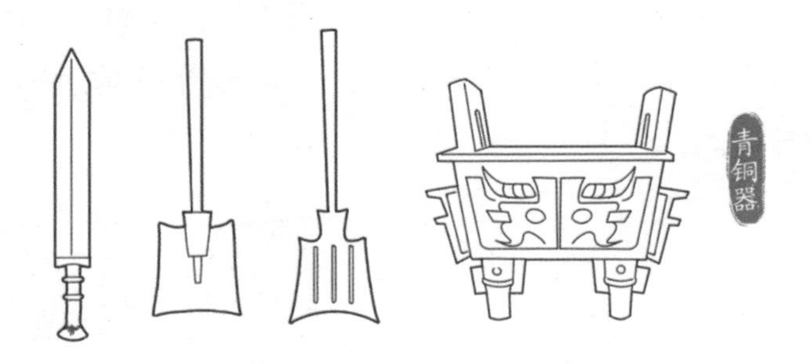

青铜是人类掌握的第一种合金，它的出现和广泛应用，带动了生产力的发展，从此人类历史也就进入新的阶段——青铜时代。

青铜时代

超级方便的工具——轮子转起来

最初的轮子是**用于制陶的陶轮**，由一对盘形的轮子和竖直的轴组成，陶工一边用脚旋转下面的轮盘，一边用手揉捏上面轮盘里的黏土，就可以制作出想要的陶器。

3300 年前，苏美尔人将轮子运用到了运输上，造出了**最早的木车**。车轮是整片的木板，由一根横着的轴固定在一起，十分笨重。

之后不久，装有**辐条的车轮**就被发明了出来，辐条的加入使车轮轻便了许多，为了让轮子更结实耐用，人们往往还会在轮辋外加上一层铁皮制成的外胎。

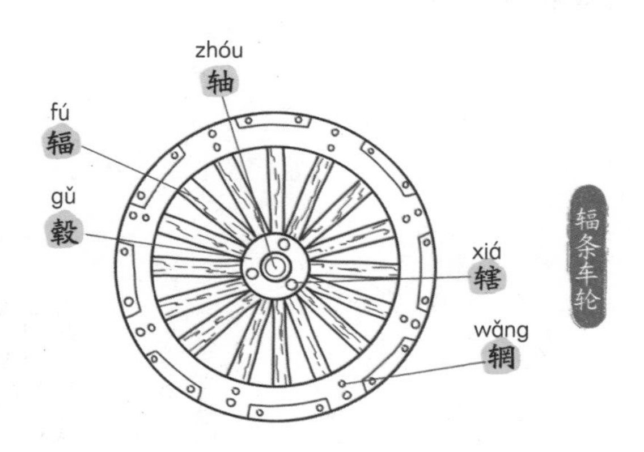

随着科技的进步，轮子的材质也**不再局限于木头**，制造出的轮子也越来越复杂。在今天，就算是我们身边最普通的自行车车轮，也要比当时的轮子复杂得多。但在现代的轮子上，我们依然能看到古代轮子的影子。

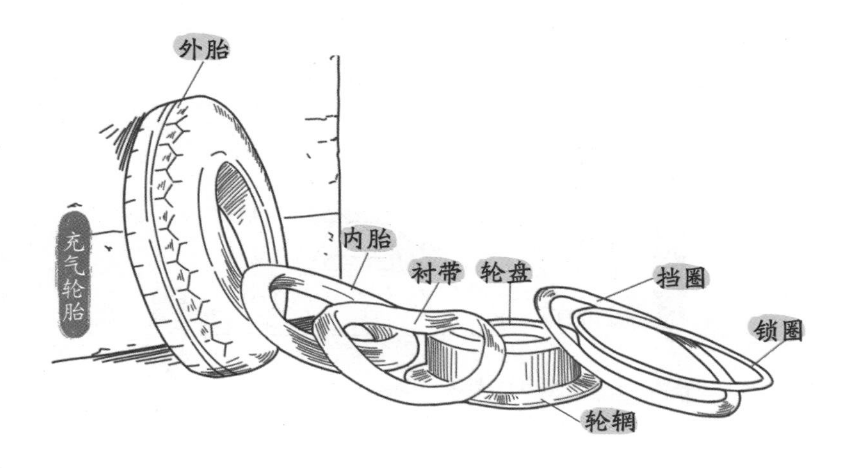

青铜时代

我可以撬动世界——奇妙的杠杆

杠杆是一种**简单的机械装置**，早在 6000 年前，埃及人就利用杠杆搬运巨石，建造了金字塔，但他们并没有总结出杠杆的原理。

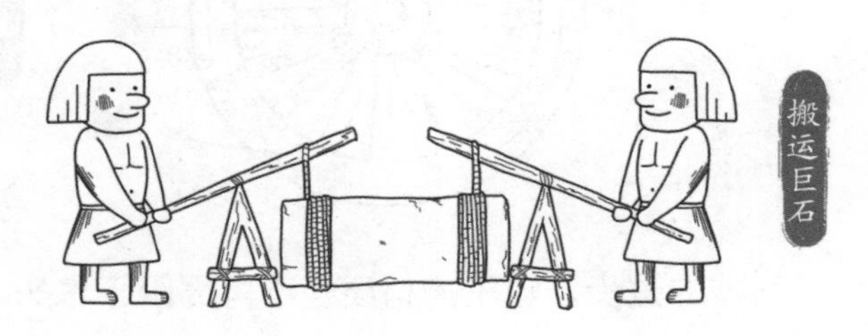

2000 多年前，阿基米德提出了杠杆原理，说明了当杠杆两端的重物保持平衡时，它们与支点距离的关系。他还利用杠杆原理发明了投石机，把罗马军队挡在城外三年之久。

在我们的生活中，比较常见的有三种杠杆。

第一种：在抬起一个物体时，如果需要抬起的距离不变，那我们**用力的距离越长就会越省力**，这种杠杆则被称为省力杠杆。坚果夹子、开瓶器、扳手等都是省力杠杆的应用。

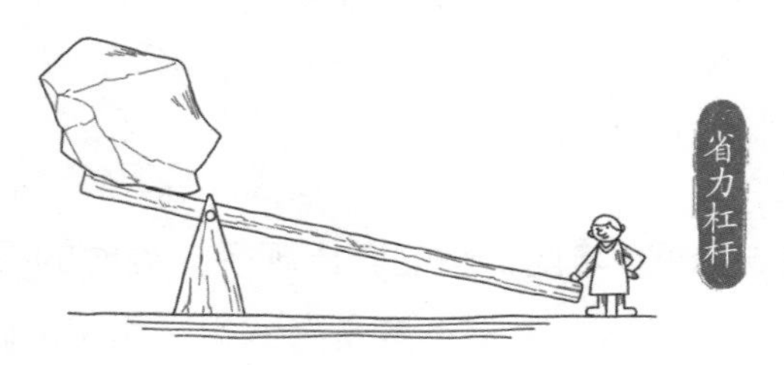

第二种：如果想缩短用力的距离，保持**抬起的距离不变，就会更费力**，这种杠杆就是费力杠杆。像镊子、球杆、鱼竿等都是费力杠杆呢！

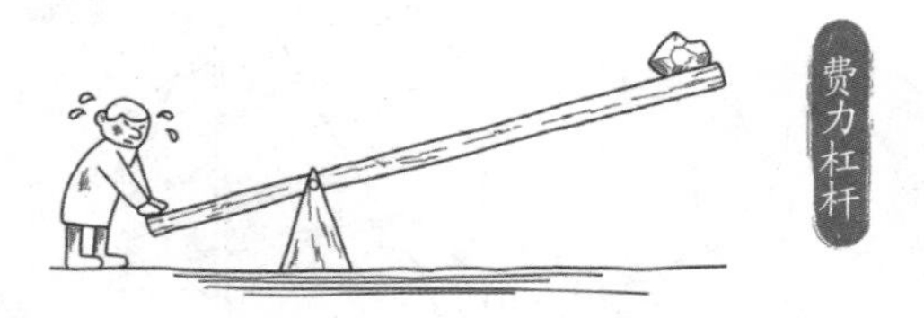

还有一种等臂杠杆，它**两边的距离相等**，既不省力也不费力，两边所用的力都是相等的，像天平、跷跷板就是经典的等臂杠杆。

古时候的人们为了方便劳作还**发明了很多简单的机械**，比如滑轮、齿轮、斜面、螺旋等，人们利用它们完成各种各样的生产活动，它们和杠杆一样都是古人们智慧的结晶。

乘风破浪吧——帆船

早在 5000 多年前，帆船就出现了。当时的帆船船桅接近船头，上面横悬着一面矩形或方形的帆。由于船帆不能转动，所以**只能顺风前行**，转弯则由人力来操纵方向。

随着人们对风的运用越来越熟练，人们发现不顺风时只要让帆与风向成一定角度，就能获得前进的动力。于是人们**发明了转动帆**，逆风时只要调整帆的角度就可以继续前行。为了平稳、快速地到达目的地，帆船的行进路线通常是呈“Z”字形的。

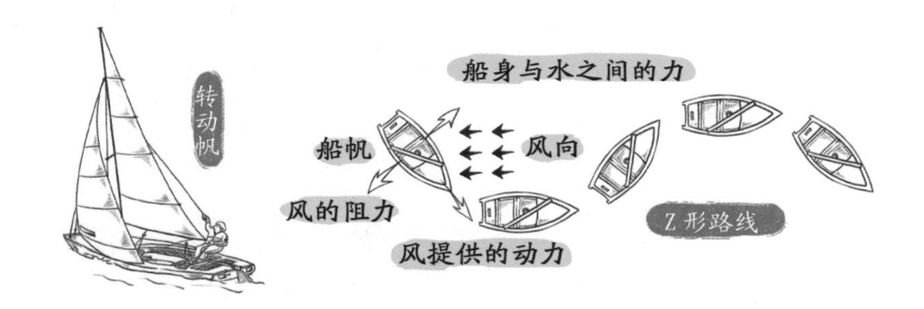

帆船曾是人类**航海中重要的交通工具**，它衍生出的帆船运动也十分激烈、精彩。帆船对人类的科技、历史和文化都有非常重大的影响。

青铜时代

终于有交通工具啦——马的驯化

早在 5500 年前，**马的祖先**就出现了，它们那时只有狐狸一样的大小，以嫩叶为主要食物。随着地球环境与气候的变化，马也进化得高大了许多，而且变得更善于奔跑了。

原始的马，大概 40 厘米高，现在的马有 1.4 米以上。

5500 年前，人类开始了对马的驯化，不过当时的人们还只是把马当作储备粮。毕竟马肉可食，马奶好喝，喂养它的饲料就是随处可见的草，十分适合饲养。

后来，人们发现马的性情比较温顺，又善于奔跑，还可以听懂简单的指令，于是**便开始试着骑马**，并挑选和培育出适合骑乘和驮运货物的马。

高大英俊的马不仅极具观赏价值，在**古代军事上也有极高的地位**，马的多少甚至会成为衡量国力的标准之一。在古代，还有用马进行祭祀或陪葬的习俗。

经过**人类驯化的马比野马更高大强壮**，耐力也更强，在古代的农业、交通、军事等各个方面都发挥着极大的作用，是推动人类历史与科技发展的重要因素。

青铜时代

我们会写字啦——文字的由来

语言的诞生虽然解决了人们交流的问题，但是在记录和传递信息上却难以保证准确。所以，人类开始尝试另一种**信息传递和记录的方式**——把信息写下来。于是，文字就诞生了。

最初的文字是**通过图像来表达**意思的表意文字，比如在中国的甲骨文里，山字就真的像一座小山，而羊字则像一只公羊的头。

而后出现了拼音文字，它本身没有具体意义，只代表着发音，人们通过为每一个发音制定字母来记录语言。像英文、法文、阿拉伯文和俄文等，都属于**拼音文字**。

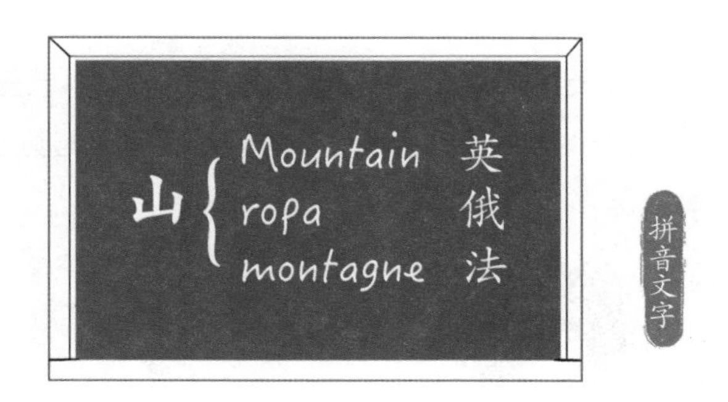

还有一种意音文字，它是一种图形符号，既能表现读音，又能体现含义。**日文的假名**就是典型的意音文字。它的每个文字都代表一个读音。

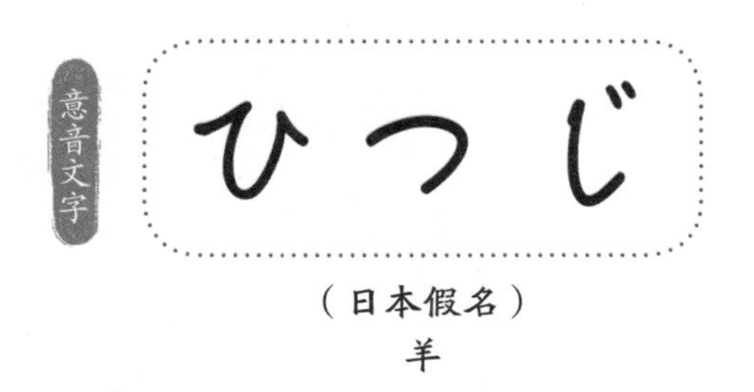

文字的出现使**文明的传承**有了可能，不会再因为意外或口误而出现中断或错误，这些宝贵的信息使人类文明得以快速地发展起来，进入了真正的文明社会。

青铜时代

观察天体的科学——古老的天文学

人类对天体和宇宙的研究，就是天文学，早在几千年前，人类就造出了推算日月星辰起落的**巨石阵和与星星位置有关的金字塔**。

随着农业的出现和发展，古埃及人利用天文学知识**制定了用于计算时间的历法**，并发现了尼罗河洪水的来临和消退与天狼星有关。

古巴比伦人观察天空，发现太阳是在黄道的十二个星座间运行，于是**把天空分为了十二份**，以这十二星座命名了**黄道十二宫**。

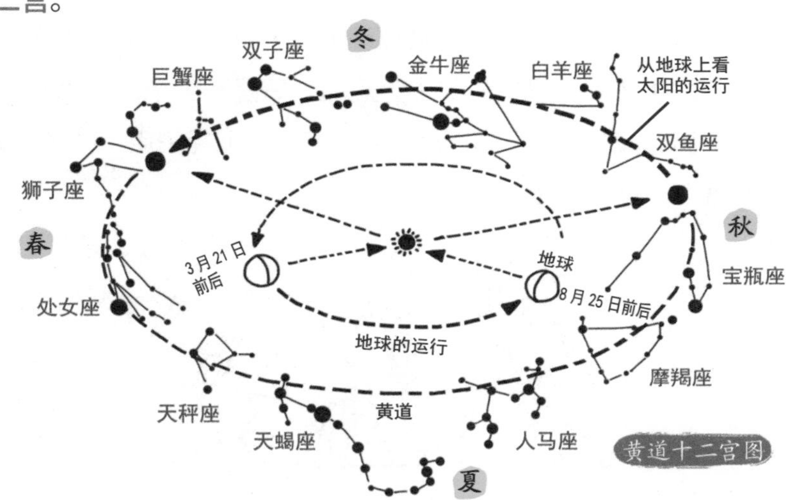

黄道十二宫图

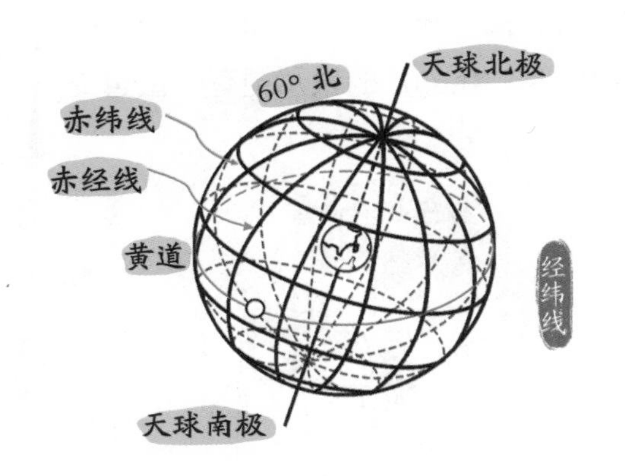

经纬线

古巴比伦人还发明了天文学中的**坐标系的雏形**，并把圆分成了 360 等份。古希腊人在此基础上又发展出了经度和纬度的概念。

天文学在**记录时间**、**编制历法**、**测定方位**等方面都起到了很重要的作用，同时也推动了人类的数学、物理、地理等学科的发展。

青铜时代

农耕好帮手——犁

犁是一种农业工具，用来翻动土壤。早在 **5000 多年前，人们就发明了犁**。最初的犁十分简陋，只是一个 Y 形的木头，木头下面刻成尖头，上面做成把手。将犁系上绳子用牛拉动后，尖头就可以翻垦土地。

随着技术的进步，为了能将土翻得更深，扒出更深的沟，人们发明了**铁犁**。装了铁制犁铧（huá）的铁犁更有分量也更坚固耐用，比木犁好用了很多。

犁铧：安装在犁的前端，可以把土翻到两边。

汉代，人们发明出了适合在平原使用的直辕犁。这种犁既能保证田地被犁得平直，又容易驾驭，效率也很高，可惜不够灵活，调头或者转弯都十分困难。

唐代，人们又发明了曲辕犁。它的设计更精巧，还安装了可以转动的犁槃（pán），可以十分灵活地调头或转弯，也更省力了。

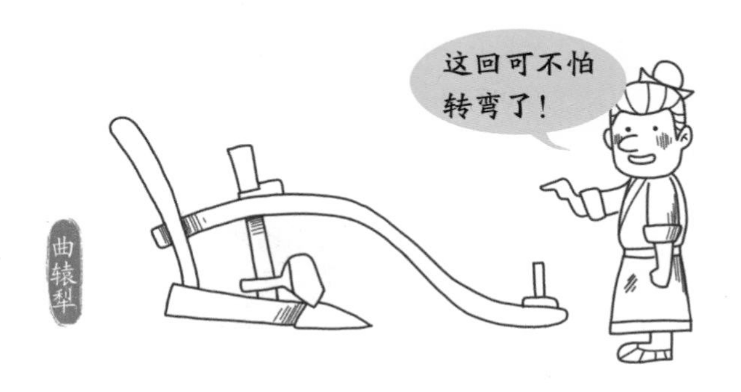

犁帮助人们充分地挖垦了农田，大大地增加了庄稼的收成，为更多的人提供了足够的粮食，也为文明的产生提供了条件。

青铜时代

寻找自然的规律——日月与历法

为了配合生产生活的需要，在 5000 多年前，人们就开始根据**自然变换的规律来计算时间**，这种计算时间的方法就是历法。

最早的历法是**苏美尔人通过观察月亮制定的**，这种根据月球环绕地球运动制定的历法叫阴历。在阴历中，月球每环绕地球一周就是一个月，十二个月为一年。

而古埃及人则**根据太阳的位置变化制定了阳历**，它是以地球围绕太阳公转的运动周期为基础的历法，与月亮的阴晴圆缺无关。现在世界通用的公历就是一种阳历。

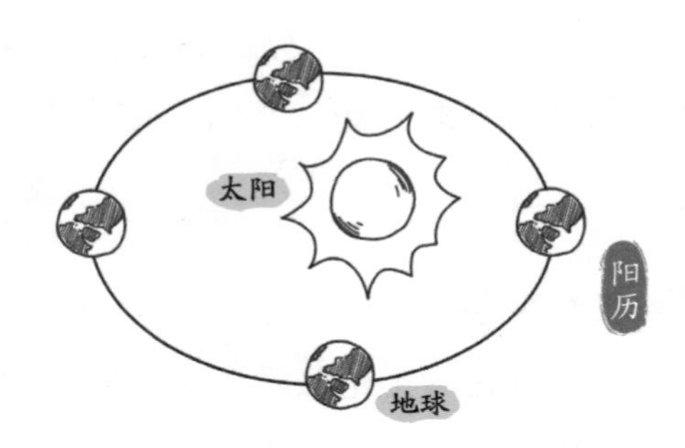

还有一种阴阳历，它兼顾了太阳和月亮的运动规律。**中国的农历就是典型的阴阳历。**

历法的制定使人们的生活更规律、更方便，在人类的历史、农业、科技等方面都起到了不可估量的作用。

青铜时代

计数真方便——数字诞生啦！

为了更准确地记录并计算物品的数量，人类在 4500 年前就发明了各种各样的计数方法，比如结绳计数、筹码计数、刻道计数等。

最早的一批数字还不成熟，应用起来十分麻烦，比如 3000 年前苏美尔人为了在泥板上记账就创造了**楔形文字**。它的 1 到 10 还算简单，但要写出 59 就不那么容易了。

楔形数字

四大文明古国——**古巴比伦、古埃及、古印度和中国也各有自己的数字**，虽然比楔形文字简化了不少，但也十分烦琐，并不利于记忆和推广。

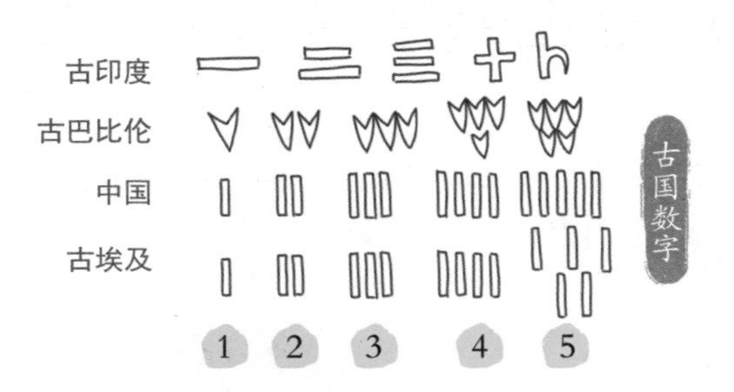

在一代代数学家的努力下，公元 4 世纪，古印度的数字逐渐演变成了我们今天所熟悉的 0 ～ 9 这十个数字，并**被阿拉伯人带到了西方**，被西方人当成了阿拉伯数字。

因为文化和数学水平的差异，**数字 0 在进入西方后还一度被禁用**，直到 15 ～ 16 世纪时才逐渐被西方人认同，西方的数学因此得到了快速的发展。

数字的出现和发展不仅方便了人们的日常生活，还带动了人类的科技进步，是人类历史上十分**重要的发明之一**。

青铜时代

人造的神奇宝石——晶莹剔透的玻璃

玻璃的**主要成分是二氧化硅**（SiO_2），是沙子的主要成分之一，也是我们日常生活中常见的材料。

早在 4000 多年前，**古埃及人**就制造出了玻璃。**腓（fèi）尼基人**在海滩上做饭时，发现了沙子和苏打放在一起加热就会形成闪闪发亮的玻璃。

腓尼基人：生活在地中海东岸的古老民族。

二氧化硅的熔点很高，但**苏打刚好可以降低它的熔点**，使它在较低的温度下可以融化成液体，再加入适量的石灰岩等物质，等它冷却下来，就会形成玻璃。

玻璃防水耐火，手感光滑细腻，不仅晶莹剔透，还可以拥有不同的色彩，美观又好用。所以在生产技术有限的古代，他的**价格一度超过钻石**，玻璃制品也被当作奢侈品对待。

后来随着玻璃的制作工艺逐渐被世人熟知，它的价格也变得便宜。玻璃不但美观，还有**非常稳定的化学性质**，难以发生化学反应，所以被应用在很多科研工具上。它的诞生为日后的科学发展起到了非常重要的作用。

青铜时代

最直接的治疗方式——外科手术

早在 3700 多年前，古巴比伦的**《汉穆拉比法典》**中就有记载**眼部外科手术**的相关规定，这说明在那时或者更早，就已经有外科手术了。手术就是医生直接用工具对病人患病的地方进行切割、缝合等治疗。

《汉穆拉比法典》是世界现存的第一部比较完备的成文法典。

因为没有麻醉药，早期的手术过程都十分痛苦。传说，中国东汉时期的神医华佗发明出了用于麻醉的**麻沸散**，才让病人的痛苦得以减轻一些。

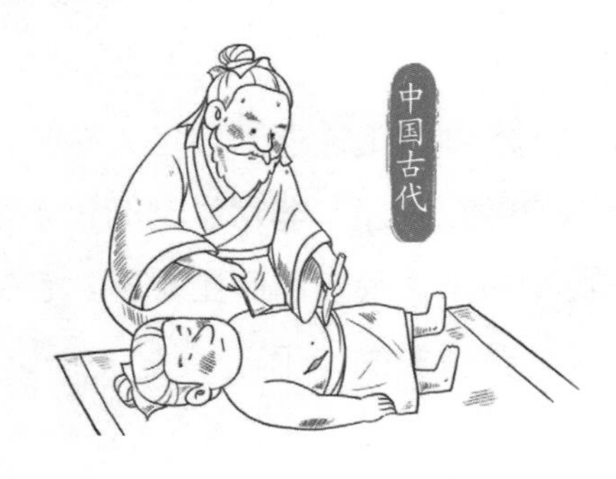

而在西方，直到乙醚等麻醉剂被发明出来之前，病人们都靠喝酒或是被击昏的方式来逃避痛苦。

除了痛苦的手术过程，病人们还不得不面对手术后因感染引起的疾病甚至是死亡。后来，人们意识到了术前术后消毒的重要性，才使手术的死亡率大大降低。

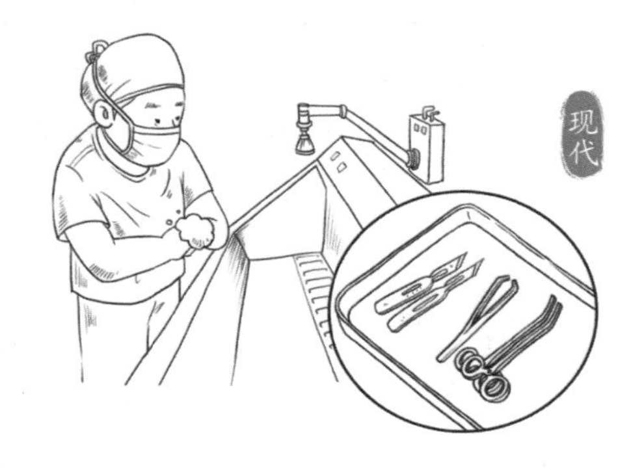

今天的外科手术已经十分成熟，它只是一种常见的外科治疗方式而已，通过它，无数的病患得以获得有效的治疗，并康复出院，回归正常的生活。

青铜时代

泥土烧出的艺术品——美丽的瓷器

随着时代的进步，我国古人对容器的要求也越来越高。陶器的防水耐火效果有限且笨重易碎，金属制成的器皿又太贵，人们迫切地需要一种物美价廉的容器，于是瓷器诞生了。

瓷器的**制作材料为瓷土**。瓷土是含有长石、石英石和莫来石等成分的高岭土，它们能使瓷器在烧制后呈现出白色，变得透明或半透明。

瓷器必须经过 1200 °C～ 1300 °C的**高温烧制**而成，只有这样的高温才能让它变得更坚固。

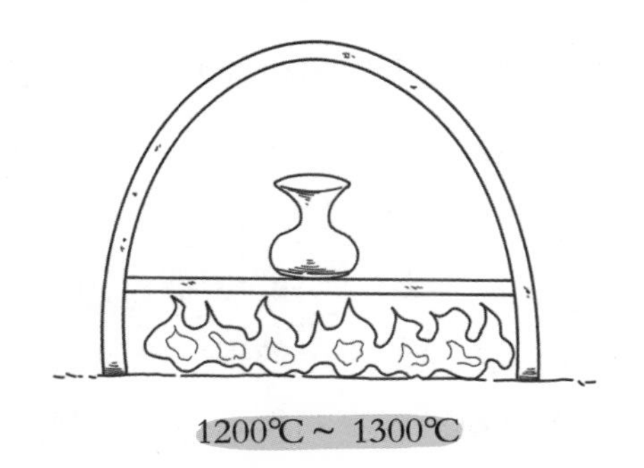

瓷器表面在高温下会被烧成具有**玻璃质地的釉**（yòu），有了它，瓷器才能拥有极佳的防水性并且光滑、美观。

烧制好的瓷器坚硬结实，用手轻叩能发出清脆悦耳的金属声，造价低廉的同时又美观耐用，为古代中国人的生活带来了巨大的改变。因此，瓷器也成了中华文明具有代表性的文化瑰（guī）宝。

青铜时代大事记

在石器时代之后，人类发明了一种被后人称为“青铜”的混合金属。金属的好处不仅在于坚固，更重要的是人类可以完全控制它，通过高温将其融化，然后根据人们的需要浇铸成自己喜欢的形状，例如各种青铜兵器、日常所用的容器、乐器等。青铜器的出现提高了人类的生产效率。随着大型的聚集区——城市出现，人类的生活也丰富起来。文字、科学、艺术、医学、历法等各个领域也迅速发展起来，标志着人类进入文明时代。

约 9400 年前	传说中的第一座城市——埃利都建成
约 9000 年前	种植小麦
约 7000 年前	半坡母系氏族
约 7000 年前	种植大米
约 5500 年前	苏美尔人发明青铜器
约 5100 年前	古埃及王国成立
约 5000 年前	大汶口父系氏族
约 4600 年前	第一座金字塔建成
约 4600 年前	首批移民来到希腊
约 4500 年前	印度哈拉帕文化诞生
约 4090 年前	禹建立夏朝
约 3900 年前	古巴比伦王国建立
约 3780 年前	汉谟拉比法典颁布

铁器时代

传递敌情的报信方式——烽火狼烟

在科技尚不发达的古代，传递信息是个难题，**及时传递敌情**更是关系到很多人的生命。于是人们想出了一个快速传递敌情的办法，那就是在烽火台上点燃烽火，放出狼烟，这样远处的人们看到烽火，就知道有敌人来犯了。

很多人都以为点燃狼烟用的是狼粪，其实**烧狼粪冒出的烟是浅棕色**的，并不容易被观察到，更何况，人们也很难收集到那么多的狼粪来点燃烽火。

那种聚而不散，极易观察到的烟，很可能是由湿柴与干柴混合**油脂或牛、羊粪**烧出来的。

烽火台之间距离不远，当一座烽火台点燃烽火狼烟后，附近的烽火台很快就会看到，并**用接力的方式**把消息传递得很远。

烽火狼烟是古时候重要的军事紧急报警信号，对保卫国家领土和人民来说十分重要，体现了古人的聪明才智。

铁器时代

平凡而神秘的元素——铁

铁是地壳的重要组成元素之一，在自然界中分布很广，但因为**容易氧化生锈**，而且难以熔化加工，所以才比金、银、铜等金属更晚被人类利用。

人类最早发现的铁**来自陨石中**，铁陨石中含铁 90.85%，因为数量稀少，被古埃及人当作是最神秘而贵重的金属。

约 3500 年前，古埃及人开始熔炼从流星中获得的铁矿石，而**小亚细亚半岛的赫梯人**则率先从自然界的铁矿石中熔炼出了铁。

后来，古印度人通过增加铁的含碳量，熔炼出了**适合制剑的大马士革钢**，这种钢铸造成的刀剑表面会有一种特殊的花纹，十分迷人。

铁器的出现提高了人类的生产水平，也加速了人类的历史进程。而随着科技的进步，人类对铁的研究与利用也**越来越广泛**，使铁成了我们生活中必不可少的金属之一。

铁器时代

液体黄金——石油

石油是一种**十分重要的资源**，现在普遍认同的说法是，石油是由古代的海洋生物在地底经过漫长的时光变化而成的。因此，它被定义成**不可再生**的资源。

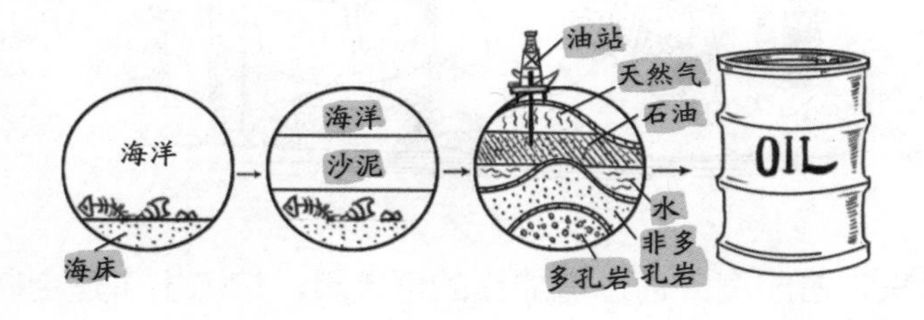

早在 3000 多年前，人类就开始采集并使用天然的石油沥青，**当时人们发现的油田都非常浅**，所以，人们开采石油就像在水井里提水一样把石油从油井中提上来。

石油沥青是一种**黑色的黏稠液体**，古巴比伦人会用它把砖块粘在一起，使建筑物经得起大洪水的破坏。他们还曾把它涂在砖块上**用来铺路**，这种路可以算作是现代沥青混凝土路的先驱。

在苏伊士湾，当地的古埃及人不仅测算出了从岩石中渗流出的石油量，还**相信石油可以防腐**，用它制作了很多木乃伊，甚至将它用于制药。

苏伊士湾是亚洲和非洲之间的海湾，有丰富的石油资源。

古人们对石油的发现和使用，影响了一代又一代的人，随着科技的发展，石油变得越来越重要。

现在石油不但是我们**最广泛使用的燃料之一**，更是各种日用品中必不可少的原料。生活中穿的衣服、使用的工具中都有从石油中提取的原材料。

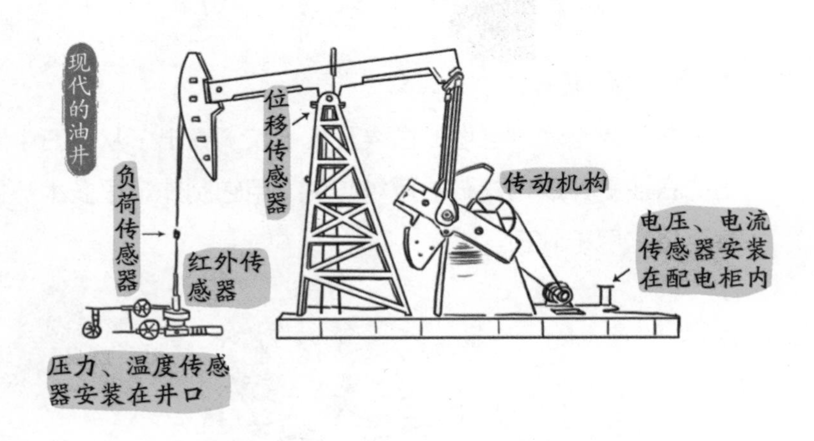

铁器时代

交易的媒介——货币

在没有货币的年代里，人们想要获得别人的东西，只能靠用**物品交换**的方式。但这种方式很麻烦，很难换到自己心仪的东西，于是，人们就发明了货币。

货币拥有大家都认可的价值，还可以给不同的商品定出价格，用它来交换不同的物品**简单而方便**。

最初的货币是美丽的天然海贝，但由于海贝的大小、形状、颜色各不相同，所以很难确定它的具体价值。**海贝还很容易破碎，不好保存**。后来，人们想到了用更稀有的金属来当作货币，比如闪亮亮的金子或者银子。

金银数量有限，无法满足所有人对货币的需求，所以人们开始尝试用**其他金属来铸造货币**。比如中国古代就曾使用过大量的铜币，而且不同时期的人们，铸造出的货币也各不相同。

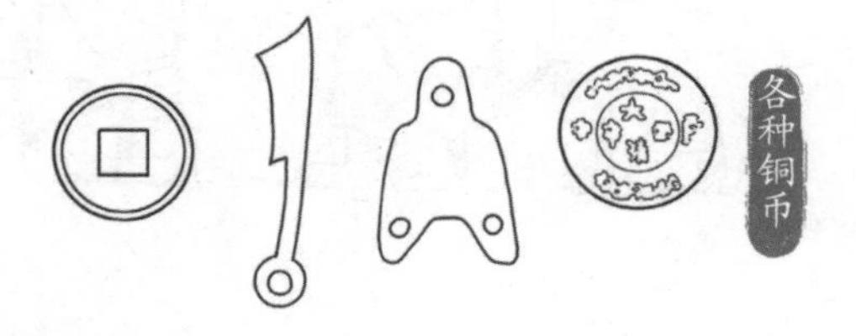

不过金属铸币太重了，一旦数量多了，搬运起来就十分麻烦，于是，纸币诞生了。**最初的纸币更像是一张存款单**，而且是手写的，只是方便异地存取而已。

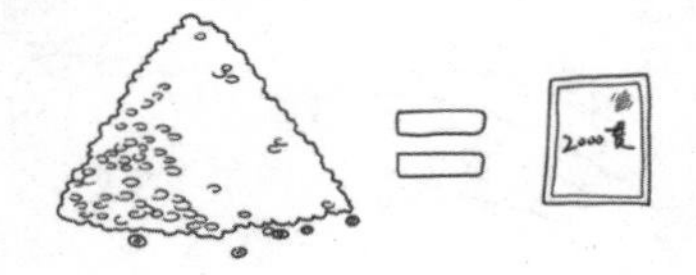

现在的世界上有 200 多种纸币和硬币，还有使用起来十分方便的电子货币。各种各样的货币不仅推动了人类的发展，还影响了人类的历史，对我们每个人来说都十分重要。

铁器时代

炼丹的意外发现——火药

火药是我国的四大发明之一，但它的发明纯属偶然。古时候的炼丹师们热衷于把各种材料扔进炼丹炉里，来炼制长生不老药。不过，有时他们的炼丹炉也会出点儿小状况，比如起火。

起火的丹炉给了不少人灵感，他们在**会起火的丹方**上不断进行改进和尝试，最终发明了火药。

宋朝时，已经有由硝酸钾、硫黄、木炭粉末混合而成的火药了，因为颜色呈黑褐色，又被**称为黑火药**。它极易燃烧，且烧起来相当激烈，如果在密闭的容器内燃烧还会发生爆炸。

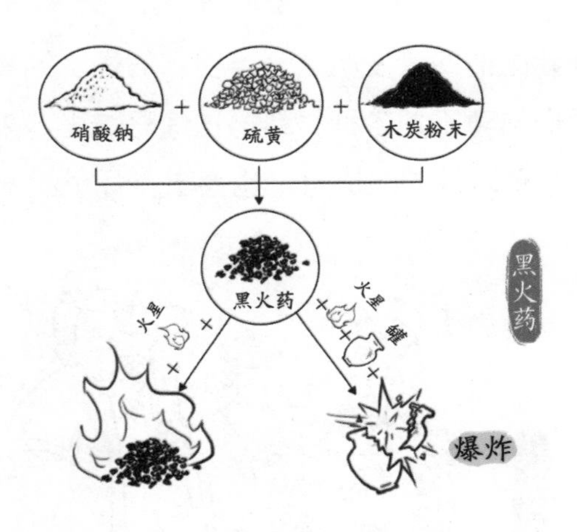

最初的火药主要用在杂技上，后来，人们还用火药制造出了**美丽的烟花**。

人们最终将火药运用到了军事上。火药以其优秀的**杀伤力和震慑力**，成为枪弹的重要组成部分，对人类消停战事和安全防卫起到了重要的作用。

铁器时代

计算的智慧——数学出现

随着社会的进步，人类开始需要**计算收获或分配粮食**等，于是数学就诞生了。

在数字还没被发明出来的时候，人们想要计数就必须借助一些工具。最初人类的**计数工具是手指**，每个人有十根手指，足以应付十以内地加减计算。

如果手指不够用，那还可以**用脚趾来凑数**，这样，就可以应付生活中大部分的计算问题了。

如果数量十分庞大，就算加上脚趾也不够，人们就会发明新的计数方法：比如用石头在兽骨上**刻出刻痕来计数**。

后来人们逐渐**发现了计算的规律**，懂得了加法、减法，随后又延伸出乘法、除法。在使用的过程中，人们不断总结计算中的规律，逐渐丰富着运算的公式和方法。

刻痕计数

我们今天所学到的**复杂而严谨的数学**，就是这样一步步发展而来的。数学作为人们生活、劳动和学习中必不可少的工具，渗透到了我们生活中的方方面面，深深地影响了我们每一个人。

铁器时代

出行小帮手——指南针

在古代，中国人就发现磁石在不受外力影响的时候，会**指向固定的方向**，于是发明出可以指明方向的指南针。最早的指南针是由天然磁石制造的司南，它的形状很像汤匙。使用时，只需把司南放在光滑平稳的底盘上，等它停下来，匙柄所指的就是南方。

宋朝时，人们**发明了指南鱼**。指南鱼有木制和铁质两种，肚皮微凹的铁皮小鱼在被磁化后，只要放在水上就可以指示方向。而木制的小鱼肚子里就有磁石，只要放在水中，嘴上的针就可以准确地指明方向。

宋代沈括发现用天然**磁石摩擦钢针**就可以将它磁化，磁针不管是放在指甲上，碗沿上，还是用线悬挂起来，或者把针串到小木块上放在水里，都可以指示方向。

磁体有两个磁极，指向南方的叫南极（S 极），指向北方的叫北极（N 极）。

如果将被磁化过的针固定在表盘上，上面再刻上东西南北等方位，就可以制作成一个可以随时随地使用的**罗盘**了。

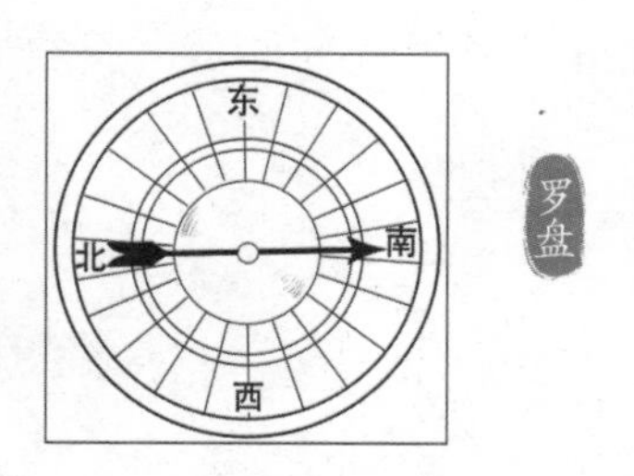

指南针的发明有三类部件，分别是**司南、磁针和罗盘**，它们都由中国人发明。指南针常用于航海、测量、旅行及军事等方面，它对人类科技和文明的发展，起到了不可估量的作用。

神奇的东方医术——中医学

为了对抗疾病，中国人从远古时期就开始用**草药来治病**，民间更是有着神农尝遍百草，帮助百姓识别草药的传说。5000多年前，人们又发明出了类似针灸的方法来止痛和治病。

然而，比治病更难的，其实是诊断疾病。在公元前 300 多年前，一代**神医扁鹊**率先使用了**“望闻问切”**的方法来诊断疾病，这种诊断方法又被称为“四诊”。

“四诊”需要医生调动**眼睛、耳朵、鼻子**去观察病人的状态，开口和病人沟通病情，并用手感受病人的脉搏跳动情况。

通过“四诊”，医生能够更加详细地了解病人的情况，真正做到**对症下药**。如此一来，病人的治愈概率也被大大提高了。

我们通常把我国劳动人民创造出的**传统医学称为中医学**。“四诊”的诊断方法为中医学的发展奠定了基础，且沿用至今，率先使用“四诊”的扁鹊也被称为“中医学的奠基人”。

铁器时代

看到与看不到的科学——光学

光学是研究光的行为和性质的学科。最初，人类研究光学只是为了解答一个问题：**人为什么能看到周围的物体？**

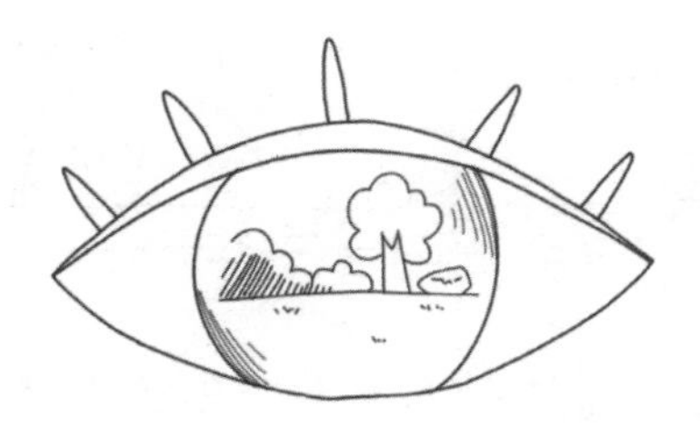

春秋战国时期的墨子和他的弟子在《墨经》中提出，人靠眼睛看到物体，而眼睛则是靠物体反射的光看到物体。此外，墨子还发现了光是沿直线传播的。

古希腊学者**欧几里得**研究了光的反射，并写出了《反射光学》一书。传说，古希腊科学家阿基米德也十分了解光的反射原理，并用镜子成功地击退了入侵的罗马大军。

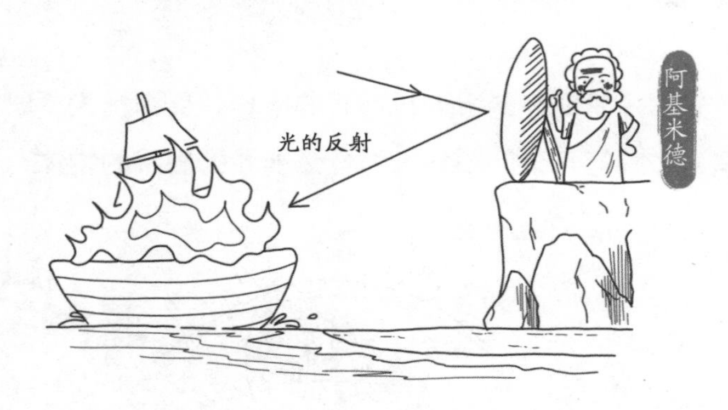

300 多年前，人们将光反射与折射的规律总结了出来，最早的**光学定律由此诞生**。同时，牛顿用太阳光做了一个实验，把太阳光分解成了按一定顺序排列的光谱，现代光学就此诞生。

光学的发展不仅能解释我们生活中的种种现象，更为科技的发展提供了助力。如今，**光学已经融入了我们的生活**，我们在遥感、测量、激光技术、通信、医疗等方面都离不开光学呢！

铁器时代

判断真假皇冠的科学——浮力

日常生活中，地球会给我们一个**竖直向地心的吸引力**，也就是我们常说的**重力**。而物体在进入液体或者气体中时，其实还会受到一个**向上托起它的力**，这个力就叫作**浮力**。

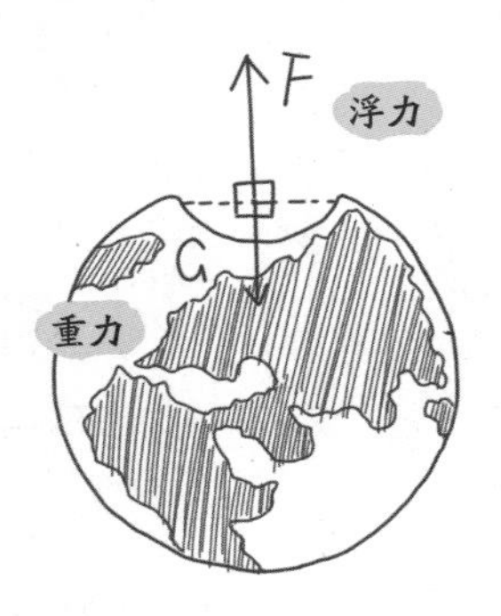

传说在 2200 多年前，古希腊国王命人用金子做了一顶皇冠，但他怀疑金匠掺了假，于是叫来当时著名的科学家阿基米德，让他在不破坏皇冠的前提下**鉴定出真假**。

这个难题让阿基米德思考了很久。偶然间，阿基米德在洗澡时发现了浮力的存在，并通过实验得出：**浮力的大小刚好等于它排开的液体的重力**。第二天，阿基米德在国王面前做了个实验：将王冠和相同重量的金子，分别放在装满水的木盆中。

如果他们受到的浮力是一样的，排出的水量也应相同。但声称用纯金做的王冠，却排出了更多的水，这就说明王冠的密度比纯金小，体积更大，因此排出了更多的水。阿基米德就是根据排出的水量，判定出王冠中掺杂了其他的金属，揭穿了金匠的谎言。

浮力及其原理的发现不仅帮助阿基米德解开了难题，还为后来的轮船、潜艇、热气球和很多科学仪器的发明产生了极大的影响。

铁器时代

让风来干活——风车磨坊

风总是无处不在，人们就想能不能让风也帮助人们干些力气活，于是**风车磨坊**就被发明了出来。

风车磨坊的主体像**一座小塔**，上面有四片十几米长的风车叶片，侧面有巨大的木制支架。

当风向改变时，人们就可以**移动木制支架**，调整风车叶片的朝向，以便最大限度地利用风力。

当风车叶片转动起来的时候，会带动连接叶片的轴，再通过齿轮和驱动轴等结构的配合，就可以带动下面的磨盘，帮助人们磨制谷物。

风车磨坊还可以帮助人们提水灌溉或加工木材，既提高了生产力，又节省了人力。对荷兰这种多风而又缺乏其他能源的国家和地区来说，风车是十分重要的生产工具。

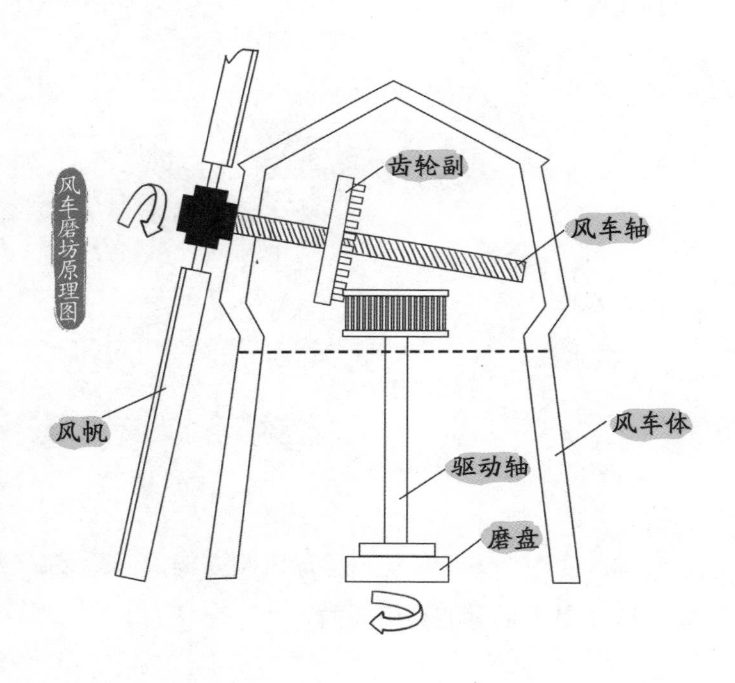

铁器时代

文化传播的基石——蔡伦改进造纸术

在东汉以前，中国人就已经发明出了纸，不过当时的纸十分粗糙，并不适合书写，**多半用在包装物品上**。直到东汉中期，蔡伦改进了造纸术，才使纸成了便宜又好用的书写材料。

蔡伦造纸时所用的材料廉价，方法也并不复杂。

首先，要把树皮、麻头、破布和渔网等原料切碎，放进碱性溶液中蒸煮，**让原料被分散成细碎的纤维状**。

再通过切割和捶捣切断那些纤维，让它们**成为泥膏一样的纸浆。**

然后在纸浆中加入水，使它变成纸浆液，再用**捞纸器**捞取，纸浆就会在捞纸器上形成薄片状的湿纸。

最后，把湿纸晾晒到完全干透，再揭下来，就做完一张纸了。**蔡伦因为改良造纸技术被封侯**，所以这种纸也叫“蔡侯纸”。

蔡伦造出的纸非常适合书写，大大满足了人们的文化需求。这种纸后来流传到阿拉伯、欧洲等地区，推动了**整个世界的文化发展。**

铁器时代

高效的印刷方式——毕昇的活字印刷术

在唐代，抄书匠们最头疼的就是怎么才能提高工作效率，为此，他们**仿照印章创造出了雕版印刷术**。用于印刷的印板就像一个超大号的印章，这样一个印板可以反复印制一样的内容。但印板制作起来费时费力，也不便于修改。

北宋时，有个从事手工印刷的工人叫毕昇，他经过改良，创造出了活字印刷术。他**用胶泥做出一个个大小一致的小方块**，每个上面都写上一个反着的字，再用火烧硬，就做成了胶泥活字。

胶泥：指烧陶器时用的黏土。

要使用时，只需要把单个儿的字用特制的药剂粘在带框的铁板上，再用火把药剂熔化，使每个活字都牢牢地固定在铁板上，就做成了一个**印刷用的版型**。

印刷时，在版型上刷上墨、盖上纸，再**通过按压把字印在纸上**就可以了。

印刷结束后，再加热把药剂熔化，就可以**把活字从铁板上取下来**，以备下次再用。

活字印刷术在大量印刷时可以**极大地提高印刷和制版的效率**，为后来的现代印刷打下了坚实的基础，也为文化的传播和留存做出了巨大的贡献。

铁器时代

威力惊人的物质——炸药

在唐代，我国就已经出现了由**硝（xiāo）酸钠、硫黄和木炭制成的黑色炸药**。宋朝时这些炸药就已经被应用到战争中了。不过这种黑色炸药的威力并不是很强。

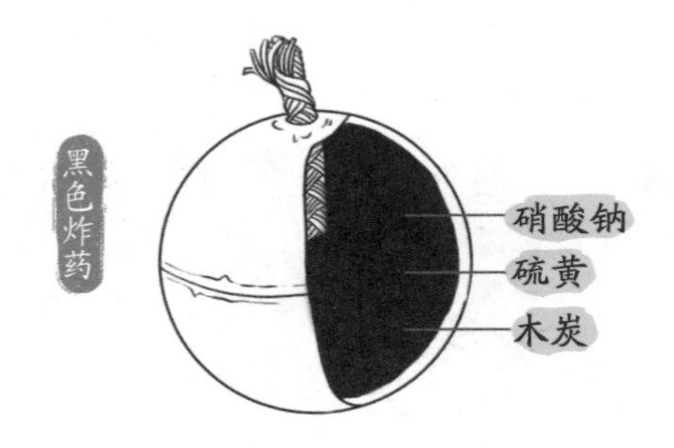

1847 年，意大利化学家索布雷洛合成出了一种黄色油状透明液体——**硝化甘油。它是一种液体烈性炸药**，稍微震动就会发生爆炸，而且威力十分惊人。

十几年后，瑞典科学家诺贝尔找到了一种干燥的硅藻（guī zǎo）土，它可以吸收硝化甘油，可以降低它的风险。两者混合后制造的炸药安全稳定，被称为“硅藻土炸药”。

1863 年，一种**威力很强又相当安全的炸药**出现了，它就是 **TNT**（三硝基甲苯），它能经受住撞击和摩擦，十分适于制作成各种弹药，在后来的世界大战中大展神威。

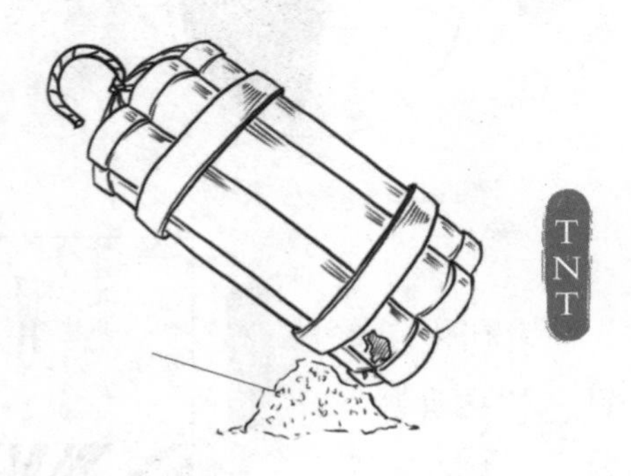

炸药不仅仅可以应用在军事方面，在采矿、筑路、兴修水利、工程爆破、金属加工等方面也给人们带来了不少的便利，使人们的**生产速度**得到了极大的提升。

铁器时代

嘭嘭嘭——火炮诞生

火炮是一种我们熟悉的、威力巨大的武器。其实它的**基本原理很简单**，火炮的炮身是一根十分结实的金属管，炮弹被塞到火炮炮口里后，会与炮管底部的火药接触，火药通过导火线被点燃爆炸，炮弹就会被送到很远的地方。因为炮弹有巨大的质量和惊人的速度，所以**拥有很强的破坏力**。

火炮剖面图

火石炮

据记载，早在南宋时，将领魏胜就发明出了**威力巨大的火石炮**，并将它运用到了战争中，把敌人打得落荒而逃。

2006年，专家们在内蒙古发现了**元代的铜火铳**，专家们认定它是**世界上最早的火炮文物**。

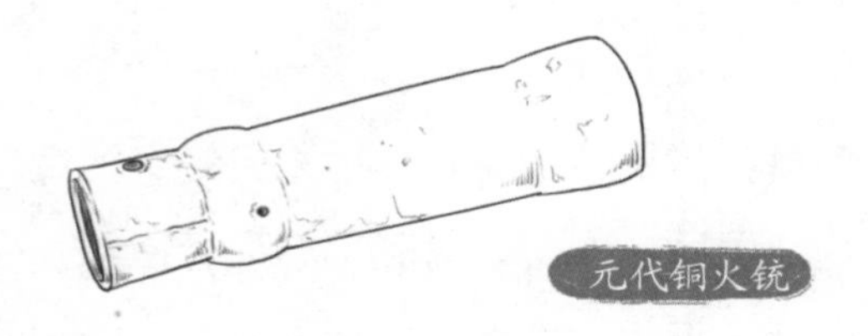

从结构上来说，古代的火炮一般被分为两类，它们的主要区别在于炮管内有没有膛线。有膛线的**线膛炮**射出炮弹会旋转，比没有膛线的**滑膛炮**射得更准，炮弹飞得更稳。

火炮的诞生是武器发展史上的一件大事，它具有极强的杀伤力和威慑力，在**保护己方、威慑敌人**方面具有非常重要的意义。

铁器时代

不可实现的动力源——永动机

人们把能够**不停自动运动的机械装置叫作永动机**。这一概念源自印度，后传到了伊斯兰教世界，并由此传到了西方。

永动机的设想可以分为三类。

第一类永动机**类似轮状，不需要输入能量**，却能不停地运动。但由于能量都要遵循能量守恒定律，没有能量输入就不会有新的能量诞生，所以第一类永动机不可能实现。

> 能量守恒定律：能量的总量保持不变，能量也不会凭空产生或消失。

第二类永动机则是**利用热量**来充当能量源，不违反能量守恒定律，但由于热量只能从高温流向低温，无法从低温流向高温，所以这类永动机也不可能实现。

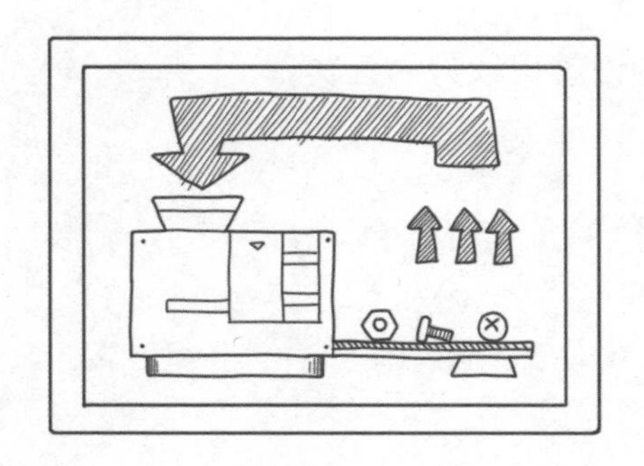

第三类永动机**类似于钟摆**，乍看之下可以一直运作，但在运动中能量会不断地被消耗，所以，只要能量消耗完了，它会停止运作，并不能永动。

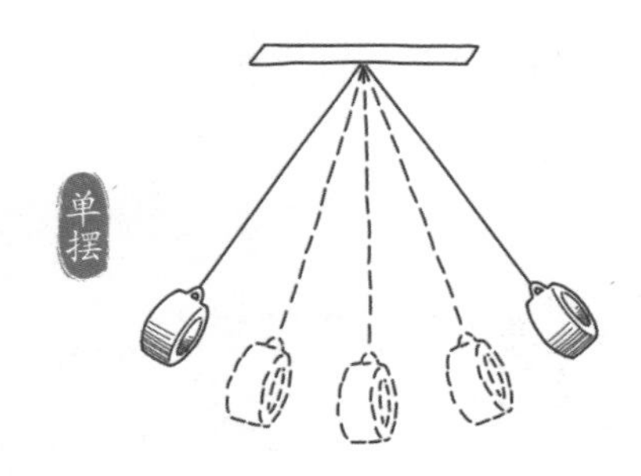

事实证明，只干活不休息也不消耗能量的永动机，**只是人们美好的幻想**，但通过对它的研究和实验，人们发现了能量守恒定律和热力学定律，同样对科技的发展有着深远的影响。

铁器时代大事记

铁器时代的名称承接石器时代、青铜时代而来。约4000 年前，冶铁技术诞生，至今人类使用的最广泛的金属依然是“铁”。在早期铁器时代开始成熟的文明，也可以称之为“早熟的文明”，更早的古埃及、古巴比伦、中国、古印度等文明则可算是“早产的文明”，早产的文明是很脆弱的，只有中华文明持续发展而不中断，一直到今天。

约 3500 年前	雅利安人入侵印度
约 3200 年前	亚述帝国崛起
约 3180 年前	亚述灭赫梯王国
约 2800 年前	希腊进入城邦时代
约 2770 年前	希腊举办第一次奥运会
约 2710 年前	中国进入春秋时代
约 2700 年前	斯基泰建国
约 2685 年前	斯巴达崛起
约 2630 年前	新巴比伦崛起
约 2550 年前	波斯帝国建立
约 2400 年前	中国进入战国时代
约 2320 前	孔雀王朝建立
约 2730 年前	重步兵首次投入战争
约 2490 年前	马拉松战役
约 2470 年前	希腊联军建立
约 2480 年	温泉关之战
约 2330 年前	亚历山大东征
约 2030 年前	罗马帝国成立

57	光武帝授汉委奴国王印
202	丝绸之路兴起
280	晋灭统一中国
395	罗马帝国分裂
400	日本大和国统一
476	西罗马灭亡
486	克洛维建立法兰克王国
500	传说中的亚瑟王在位
618	李渊建立唐朝
631	阿拉伯帝国成立
755	安史之乱爆发
800	查理曼大帝加冕
865	维京人入侵英国
882	基辅罗斯建国
911	诺曼底公国成立
945	蓝牙王建立了丹麦王国
960	赵匡胤建“宋”
987	法兰西王国成立
1066	诺曼底大公威廉征服了英格兰
1069	王安石改革
1206	成吉思汗建立大蒙古国

大航海时代

海上马车——中世纪帆船

为了应对不同高度的海平面和多样的天气变化，中世纪的欧洲人制作出了各种帆船。

早期，**体型较大的纳尔**几乎完全依靠风力前行，维京人用它来运载货物。

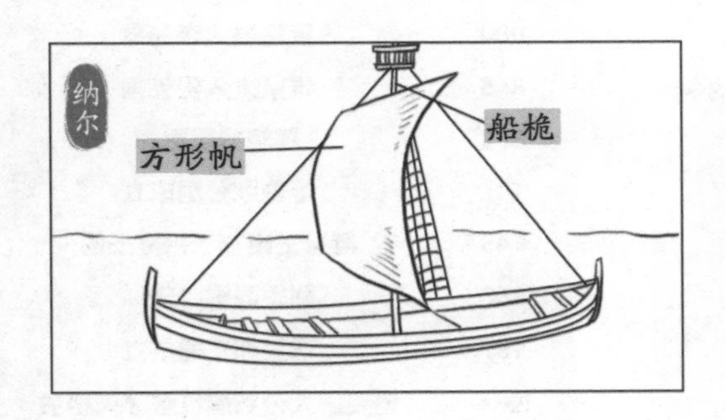

中世纪指欧洲历史的一个中间时期，大致时间是公元 500 年至公元 1500 年。

然后，**底部平平的柯克船**出现了，它的船尾有中央舵，可以控制方向。柯克船只有一根船桅，上面挂着长方形横帆，使它适合顺风而行，能运载不少货物。

后来，人们在柯克船的基础上，增加甲板和船桅，同时将三角帆和横帆作为船帆，改造出了**卡瑞克帆船**。**它可以在逆风中航行**，也能在海中作战。哥伦布第一次航行时所乘坐的“圣玛丽亚号”，正是卡瑞克帆船。

但是，卡瑞克帆船船身巨大，需要多人同时操作，成了航海家的负担。这时，葡萄牙人将容易鼓起来的**三角帆改良出了卡拉维尔帆船**，还增加了船桅的数量。这让卡拉维尔帆船轻便灵活，在海里跑得很快，备受冒险家青睐。

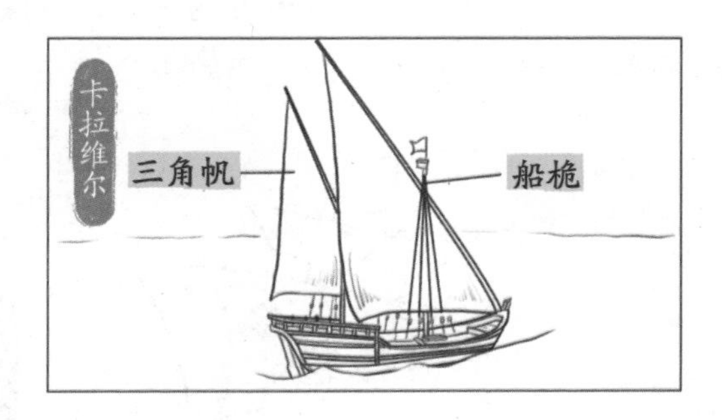

帆船不仅可以用来运货、作战和探险，还是一种水上运动项目，受到了许多人的关注和支持。

大航海时代

伟大的发现与殖民的开始——哥伦布发现新大陆

15 世纪，威尼斯人垄断了欧亚贸易，强大的奥斯曼帝国则控制了东西方的商路。为了与《马可·波罗游记》中记载的富饶的东方通商，意大利航海家哥伦布决定**寻找前往东方的新航路**。

为了完成自己的目标，哥伦布游说了十几年，终于在 **1492 年**，获得了西班牙女王伊莎贝拉一世的赏识，并接受她的派遣，**率领三艘帆船**从西班牙出发，向正西航去。

1492 年 10 月 12 日，航行了 70 天的哥伦布终于发现了陆地，他误以为自己到达了印度，于是将当地的土著人称为印第安人。

哥伦布在这之后又进行了三次航海之旅，**抵达了牙买加、波多黎各诸岛**及中美、南美洲大陆的沿岸地带，累积了丰富的航海经验。

对欧洲人而言，哥伦布开创了在**新大陆开发和殖民**的新纪元，使欧洲走出了中世纪的黑暗，迅速发展起来。但对印第安人来说，哥伦布的到来，却是被殖民、被掠夺的开始。

大航海时代

让武器精准的魔法线——来复线

步枪的出现标志了热兵器时代的开始。早期的步枪**准确度很差**，经常射偏。

为了改善步枪的准确性，火枪设计师们想到在枪管内刻上**来复线——呈螺旋状分布的凹凸槽**，可使子弹在发射时沿着膛线作纵轴旋转，产生**陀螺效应**稳定弹道，因而能更精确地射向目标。

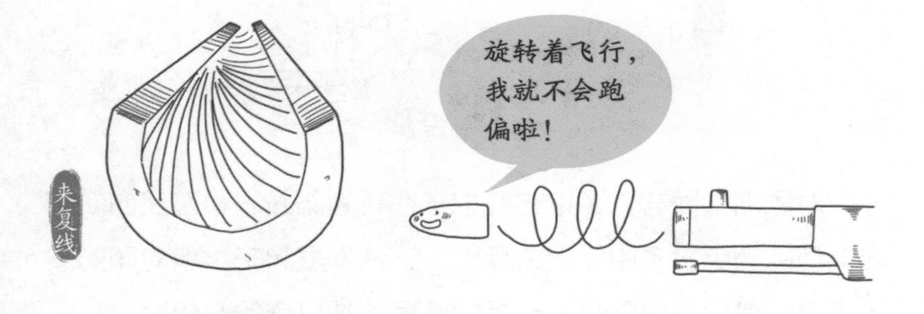

> **陀螺效应：陀螺效应就是高速旋转着的物体会像陀螺一样，保持稳定性，不会到处乱跑。在枪膛中刻上膛线，让子弹高速旋转地射出，子弹就不乱飞。**

约 1500 年前后，德国步兵已经开始装备具有来复线的火枪（来复枪），但由于当时的制作工艺无法满足需求，并且会影响枪的威力，所以没有大规模装备军队。到 1865 年，欧洲各国工业能力飞速发展，德国人发明的**“毛瑟枪”，是最早的机柄式来复枪**，完成了古代火枪到现代步枪的演化过程，成为现代步枪的先驱。

毛瑟枪

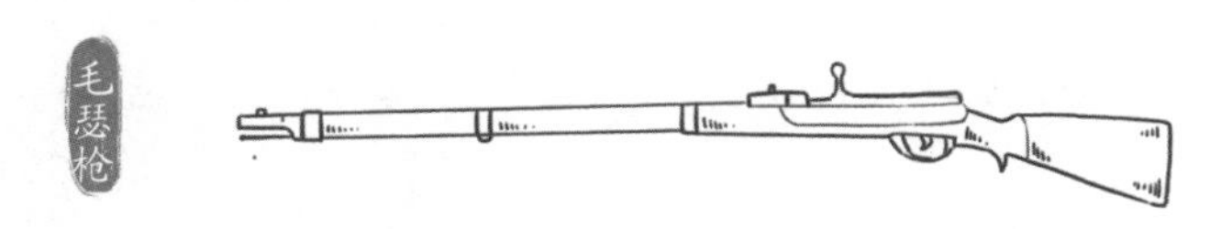

> **装备毛瑟枪的普鲁士陆军是当时欧洲最强大的陆军。先后打败了三个强国——丹麦、奥地利、法国，完成国家的统一。**

大航海时代

人类首次环球航行——麦哲伦航海

在过去，有人认为地球是圆的，有人认为地球是方的。葡萄牙航海家麦哲伦便是为数不多**坚持地球是圆形的**人之一。

为了证明自己的理论，1519 年 8 月 10 日，麦哲伦**带领船队从西班牙出发**，计划绕地球航行一周，这支船队包含 5 艘船和 200 多名船员。

1520 年 11 月 28 日，在经历了一年多的航行后，船队终于穿过一片潮汐汹涌的海峡，驶入了太平洋，这片海峡就是我们现在所熟知的**“麦哲伦海峡”**。然而，更艰险的航程才刚刚开始。接连不断的暴风雨、严重的食物短缺以及维生素 C 缺乏症的蔓延，令整支探险队陷入绝望。

1521 年 3 月，绝处逢生的船队终于**抵达了菲律宾**，然而麦哲伦却死在了与当地居民的冲突中。

虽然历经众多磨难，船员们却始终没有放弃，终于在 1522 年 9 月 6 日，船队仅剩的一艘船和二十几名船员回到了西班牙，完成了航行。**这是历史上首次环球航行**，麦哲伦也通过这次以生命为代价的航行，证明了地球的确是圆的。

大航海时代

人造的海底“鲸鱼”——潜艇

人能乘船在海上航行，也能驾驶马车行走天下，却无法一探海底世界。因此，人类希望发明出一艘能在海底航行的船，既可以隔绝海水流入，又能让人在水下正常呼吸。

1620 年，荷兰工程师科内利斯·德雷贝尔建成了**第一艘可以航行的潜艇**，但需要多人划桨，才能带动潜艇前进。

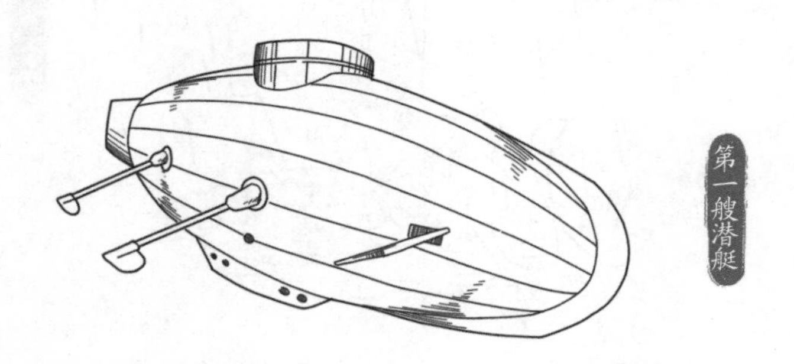

第一艘潜艇

1775 年，美国发明家大卫·布什内尔发明出**第一艘军用潜艇“海龟号”**。潜艇内可搭乘一人，驾驶员可以独立进行水下操作，计划是用来在敌人的船底安装炸弹，不过它的攻击从没有成功过，最终被敌军击沉。

随后，潜艇的设计师们开始努力尝试延长潜艇的水下行驶时间。1863 年，法国建造出**以空气压缩机为动力的“潜水员”号潜艇**。这是第一艘非人力驱动的潜艇，能在水下潜行 3 小时左右。

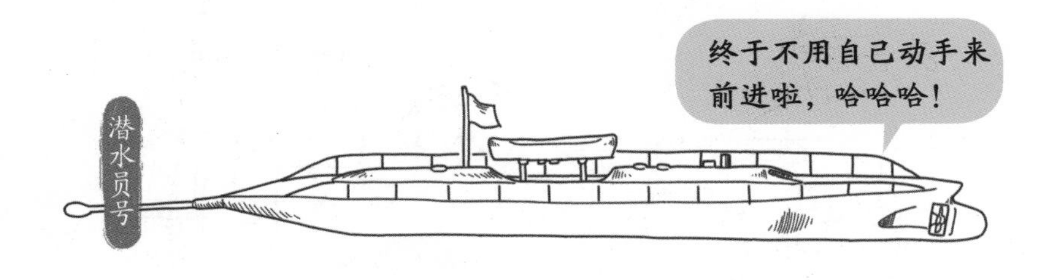

第一次世界大战前，潜艇成为**各国海军的重要组成部分**。不仅如此，潜艇还可以带领人类探索海底世界，在旅游、勘探、检查油气平台和管道等方面都有很大作用。

大航海时代

小巧实用的武器——手枪

随着战争的发展，军队对武器的要求也越来越高。这时，一种**威力强大的远程武器**——手枪出现了，并逐渐被改造成单手就能握住的样式。

早期的手枪叫**火门枪**，个头不小，操作复杂，必须要两个人才能操作。大约在 500 年前，可以**单人操作的火绳枪**出现了。点燃火绳，弹丸就能从枪管中发射出去。

又过了 100 多年后，人们开发出了各种各样的**燧发枪**。这种枪不用点火，只要扣下扳机，就能射击。手枪的种类也更加丰富：大的能装入皮套，套在马背上；小的可以直接放入口袋中。

1896 年，德国的枪械制造商毛瑟兄弟生产出**半自动手枪——毛瑟** C96。半自动手枪的最大特色就是可以自动向枪膛中推入下一颗子弹，只要连续扣动扳机就可以连续发射。

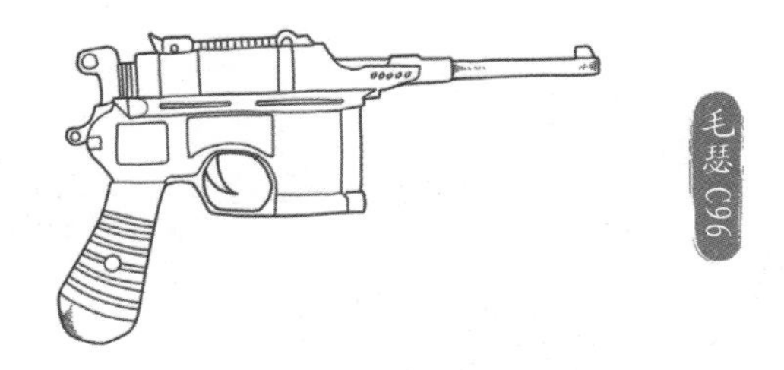

武器的进步让人们在作战中的效率更高，但同时令战争更加残酷。

大航海时代

向传统思想的挑战——哥白尼日心说

在很长的一段时间里，人们都认为**地球就是宇宙的中心**，它静止不动，日月星辰都围绕着它运动。而**哥白尼提出的“日心说”**，则打破了这种说法。

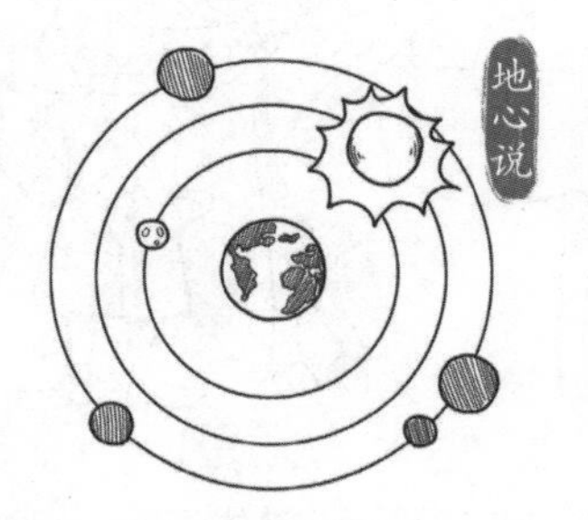

哥白尼：500多年前诞生的波兰数学家、天文学家，代表作是《天体运行论》。

日心说中指出，**地球是球形的**，因为如果有人在船顶放一个光源，当船渐渐驶离海岸时，就能观察到光源的高度逐渐降低，直至消失。

而且，地球是在以 24 小时为周期进行**自转**的，毕竟，如果渺小的地球原地不动，而无限大的天空却在不停转动，这听起来实在是难以置信。

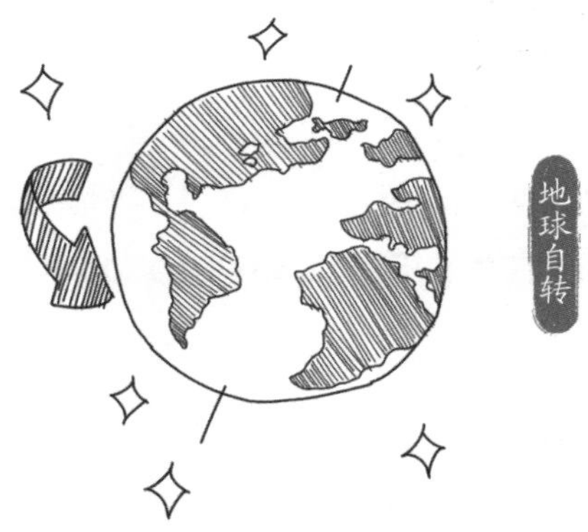

最后，哥白尼提出，**太阳才是宇宙的中心**，它静止不动，地球以及其他行星都一起围绕它做圆周运动，只有月亮是环绕地球运动的。

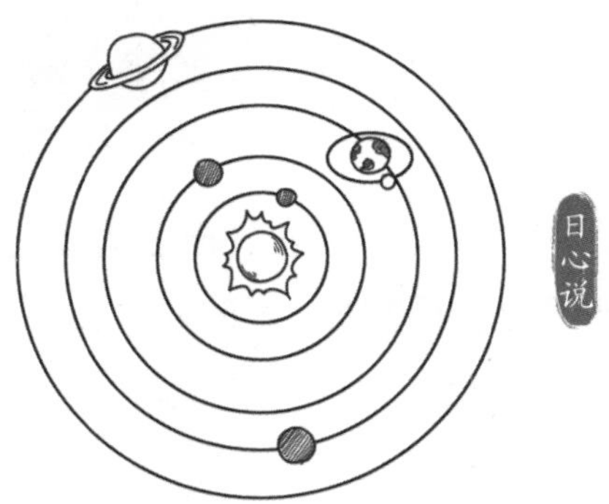

虽然，后来人们证实了太阳也并非宇宙的中心，地球与其他行星做的也不是圆周运动，但日心说仍然证明了**地球是围绕太阳进行公转的**，并引起了人类对宇宙认识的巨大变革，对人类的发展具有不可替代的意义。

大航海时代

用实践鉴证科学——科学革命

现代科学的诞生，离不开一个人，他就是伽利略。他出生于意大利比萨，认为任何学说都要由实验来证明，由此开创了“科学原则”。

传说，伽利略为了证明自己的**自由落体定律**，曾做过一个著名的实验。他登上比萨斜塔，同时让一大一小两个铁球坠落，结果两个铁球落地时间相同，推翻了西方一直以来所相信的“物体越重，下落越快”的错误理论。

比萨斜塔：比萨大教堂微微倾斜的钟楼，已有800多年历史。

为了证明哥白尼的“日心说”，伽利略用自己的望远镜观察太阳，他发现太阳里面有黑斑，这些黑斑的位置在不断地变化。由此，他断定地球绕着太阳转，而太阳本身也在自转。伽利略以无可辩驳的事实，证明了哥白尼学说的正确。人们评价说：“**哥伦布发现了新大陆，伽利略发现了新宇宙。**”

伽利略的伟大不仅仅是因为他的发现，更因为他严谨的科学态度，他**以事实验证科学**的精神影响了后人对科学探索的方式。

大航海时代

探索微观世界的钥匙——显微镜

在我们的身边，还有很多人类**肉眼看不到**的小生物，在很长一段时间里，人们都不知道它们的存在，直到显微镜出现，人们才终于看清了这些奇妙的小家伙。

世界上第一台**显微镜诞生于 1590 年前后**，是由**荷兰眼镜制造匠詹森**发明出来的。他将凸透镜和金属筒组装在一起，发明出了可以将物体放大很多倍的显微镜。

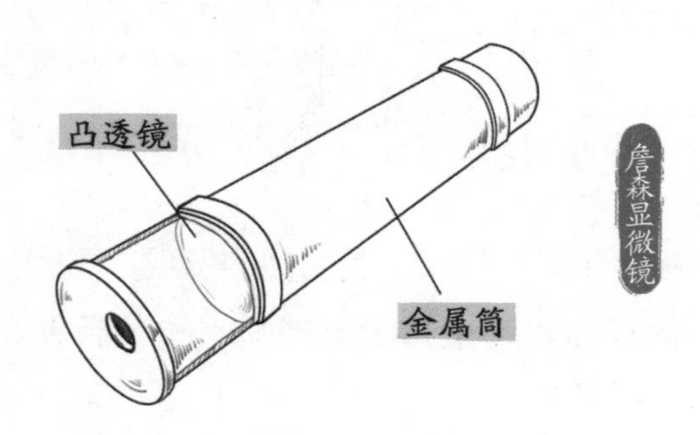

后来在荷兰，有一个从小就**喜欢磨透镜的人——列文虎克**，他磨制出了直径只有 3 毫米，但放大倍数可达 200 倍的透镜，并用它制作出了一种小巧而独特的显微镜。

列文虎克除了喜欢磨透镜，还喜欢**观察微小事物**。1675 年，列文虎克利用自己制造的显微镜，观察到了生活在水中的微生物与生活在牙齿上的细菌，成了最早观察微生物的人之一。

显微镜帮助人们打开了新世界的大门，借助它，人们观察到了**奇妙的微生物**，并通过研究它们，了解了食物腐败和疾病蔓延的原因，对人类有很重要的意义。

大航海时代

从炼金术中诞生的科学——化学

在中国古代，炼金术催生了火药的发明。而在西方，炼金术的发展则**推动了化学**的诞生。

西方的炼金术师大多是想要研究如何**把便宜的金属变成黄金**，虽然这个想法后来被验证是不可能实现的，但在这个过程中，他们研究出很多化学实验的方法和实验设备，也累积了不少实验经验。

炼金术师中最早被认可为化学家的是德国商人波兰特。1669 年，他曾试图**从尿液中提取金子**，结果意外地发现了一种容易在常温下自燃的**白色粉末——白磷**。

波兰特的保密工作做得很好，以至于很多年后，大家才知道白磷是从尿液中提取出来的。之后大家纷纷效仿，很多人都成功了。不过当时的人们并没有理解这种物质变化的本质。

白磷的发现推动了化学的诞生，并慢慢地演变成了我们今天所熟知的研究物质的性质、组成、结构、变化与变化规律的学科——化学，这对人类有着十分重要的意义。

大航海时代

喜欢磁石的吉尔伯特——《论磁石》

磁石是一种在自然界里很常见的矿物，人们很早就发现了它，还发现了很多**与它相关的奇特现象**。但在很长一段时间里，并没有人去仔细研究它。

后来有一位英国医生，名叫威廉·吉尔伯特，他有个与众不同的兴趣，那就是研究磁石和与磁有关的现象。通过**研究这些有趣的磁现象**，他还得出了很多重要的结论。

比如，他发现小磁针在球形磁体上的指向和在地面上不同位置的指向相仿，于是断定**地球本身就是一个大磁体**，他还用实验证明许多材料被摩擦后都会产生磁力，能够吸引起一些轻巧的小物体。

吉尔伯特将他多年的研究成果写成了一本书——《论磁石》。这本书于**1600年在伦敦出版**，但由于是用拉丁文出版的，所以直到19世纪末，也没有多少人看过这本书。

《论磁石》中介绍了很多磁现象，建立了一个**相当重要的理论体系**，这使后来的科学家们得到了启发，与此相关的各项研究才能顺利地展开和深入。

大航海时代

发现行星的运行规律——开普勒三大定律

在近代之前，欧洲人普遍认为地球是宇宙的中心，日月星辰都是围绕着地球运转。而**哥白尼提出了日心说**，认为所有行星都绕着太阳旋转。虽说哥白尼的发现在当时是重大进步，但还是犯了一个错误，他**认为行星绕太阳旋转画出来的轨迹是一个圆**。

发现这个问题的人是丹麦的天文学家第谷。1572 年，丹麦国王下令建立起**近代第一座天文台——天堡**，专门供第谷研究。在天堡第谷用肉眼发现了一颗超新星。这颗超新星，说明了除行星之外，宇宙中还有其他变化的天象。接下来的 20 多年，第谷把一生都奉献给了天文学研究，他**发现了行星的运动轨迹，以及月球的运动规律**。

当时，开普勒是第谷的助手，他在第谷死后，专心整理第谷的研究成果，并且继续测算火星的运行轨迹。但他怎么算也算不出来火星运行的轨迹是圆形，总是差那么一点。这一点让开普勒很郁闷。最后，**开普勒发现所有行星围绕太阳运转的轨道都是椭圆**。开普勒第一定律就这样诞生了。

解决了行星轨道的问题，行星的运动速度又如何呢？开普勒发现：**在相等时间内，行星与太阳的连线所扫过的面积相等。**这就是第二定律。

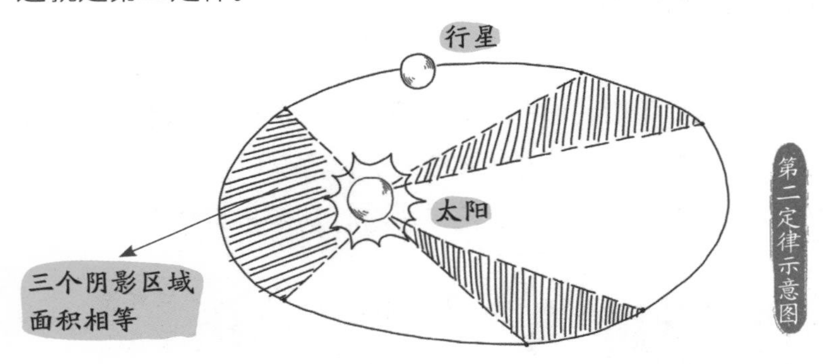

之后，开普勒又根据各个行星公转的速度，观察到**第三个定律现象**：当行星离太阳较近时运动得较快（近日点），离太阳远时运动得较慢（远日点）。至此，开普勒已经勘破了星空的奥秘，成了人类历史上第一个“**天空立法者**”。

大航海时代

人体内的运输网——血液循环

大约 500 年前，**比利时医生安德雷亚斯·维萨里创立了解剖学**。通过解剖揭开了人体构造之谜，他发现了心脏的左心室和右心室是被间隔开的，纠正了左右心室相通的说法。

左心室、右心室：它们是心脏内部位于下方的两个被隔开的空腔。

受维萨里的影响，英国医生**威廉·哈维一直从事着血液方面的研究**。通过耐心的观察，他发现心脏 1 小时就能送出相当于人体重 3 倍的血液，但这些血液到底是从哪儿来，到哪儿去了呢？

1616 年，哈维通过**扎住动脉**的实验，推断出人体内的血液是循环流动的。虽然静脉和动脉看起来并不是连通的，但哈维坚信它们一定是以某种方式相连的。

1661 年，意大利医生马尔皮基在解剖青蛙时发现，青蛙的肺部有一种像毫毛一样细的血管——毛细血管，它们能将动脉与静脉连接在一起。这验证了哈维的猜想，血液循环理论也终于建立了起来。

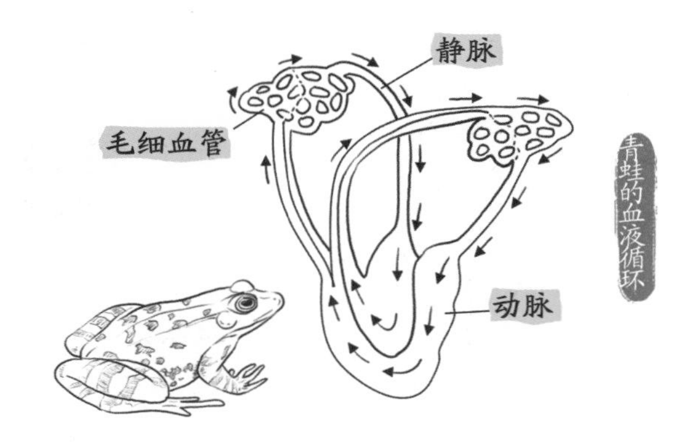

血液循环理论使人们摆脱了对血液流动的错误印象，更使**生理学发展为了科学**，为生命科学的诞生奠定了基础。

大航海时代

计时的智慧——钟表

人类在很早以前就寻求可以计时的方式，想要用**各种工具来精确计时**。比如中国古代有铜壶滴漏，西方有我们熟悉的沙漏。

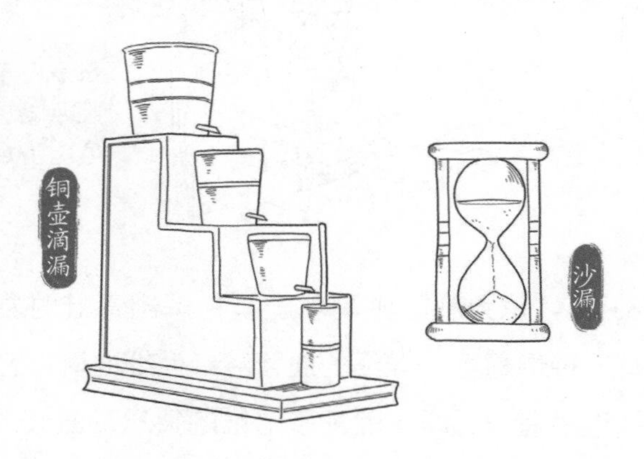

1656 年，荷兰物理学家惠更斯发现，**摆往返的频率具有一致性**，于是他想到利用摆的运动来计时，发明了摆钟。

数年后，英国人**威廉·克莱门特改进了“擒纵机构”**，让摆可以更好地限制齿轮运动的时间，以此来更加精准地计时。

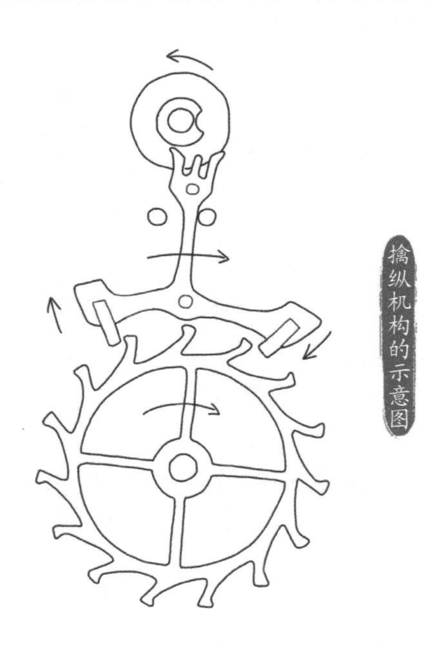

擒纵机构的示意图

“擒纵机构”也叫“擒纵器”，是钟表上的一个零件，最早由希腊人发明。以我们现在常见的机械手表为例，手表中有发条提供动力，让齿轮指针按照不同的速度旋转，表示时间。而**擒纵器就是用来控制秒针的移动时间**。

擒纵器与摆轮相连，摆轮是一种圆形的摆，它依靠有弹性的游丝来回摆动。擒纵器会跟着摆轮左右晃动，它前端的一对小爪子会反复抓住、松开控制秒针移动的齿轮，这样就**精确地控制了秒针移动的时间**。

我们能听到机械手表中有“哒哒哒”的走时声，那其实就是**擒纵器抓住齿轮**的声音。

后来，制表师发现摆轮在不同的姿态下会受到地球引力的影响而产生细微的误差。1795 年，瑞士制表大师**亚伯拉罕·路易·宝玑**发明出一种叫陀飞轮的装置，让摆轮和擒纵装置不停旋转，以此来减小引力造成的误差。

到 1841 年，英国制表师**贝恩**想到利用电来保持摆的摆动准确，发明了**电钟**。进入 20 世纪，人们发现一种叫石英的矿石，能够在通电后，产生稳定、有规律的振动，刚好满足了人们制作时钟的要求。于是，**石英表**出现了，并迅速普及，成为最常用的计时工具。

不过，使用摆轮和擒纵装置运行的机械表一直没有被淘汰，而是在制表师手中不断地优化。依靠小小的齿轮，他们还制造出使用数百年都可以准确显示时间、日期的手表。机械表不但是满足人类计时需要的重要工具，也是人们用智慧克服困难的完美体现，是代表精密机械制造的工艺品。

大航海时代

构成生物的“小单间”——细胞

在 17 世纪以前，由于科技水平有限，人们对动植物的研究始终停留在研究它们的**形态、结构和生活方式**上。

1665 年，英国科学家罗伯特·胡克用自制的显微镜观察软木塞切片时，发现软木塞是由一些排列紧密的小格子组成的，它们就像教士住的单人间，所以他**用代表着单人间的 cell（细胞）一词命名**了它们。

其实胡克当时观察到的只是死掉的植物细胞留下的细胞壁，真正发现了活细胞的人，是荷兰的生物学家**列文虎克**。1674 年，他发现了红细胞，成了**第一个看见并描述红细胞的人**。

直到 19 世纪，人们才确定是**细胞组成了我们身边的动植物**。这一发现对人类的发展产生了巨大的影响，让我们受用至今。

大航海时代

苹果带来的启示——万有引力定律

著名的物理学家**艾萨克·牛顿**出生于一个英国贫困的农民家庭。他 19 岁时进入剑桥大学，在那里，牛顿开始接触到大量自然科学著作。他还经常参加学院举办的各类讲座，包括地理、物理、天文和数学。

有一次，牛顿在母亲家的小花园中休息，一个苹果从树上掉了下来。**苹果的偶然落地，引发了牛顿的思考**：为什么物体总是落向地面呢？地心是有吸引力吗？同样的，太阳对于地球来说，是不是也存在吸引力？

于是，牛顿通过大量的数学实验，提出了**“万有引力”**定律，并通过复杂的万有引力公式证明了**任何两个物体之间都存在着吸引力**。

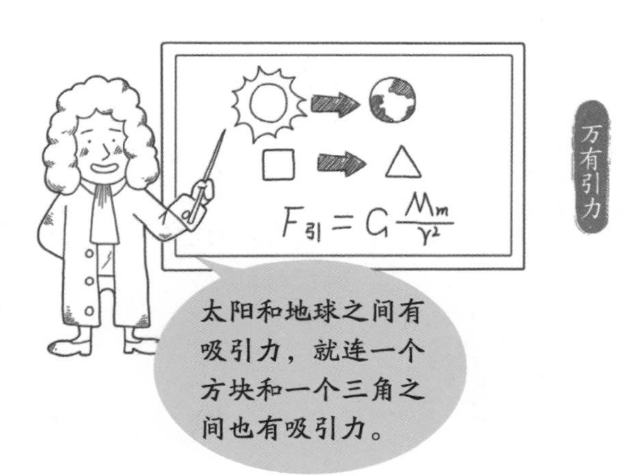

万有引力定律是**人类物理学上最重要的发现之一**，它为未来众多的物理发现和空间探索奠定了基础。

大航海时代大事记

经历过前三个时代的科学技术积累，人类终于迎来了大航海时代。大航海时代没有明确的时间划分，一般认为是从 1492 年哥伦布发现美洲大陆起，到约 1750 年为止。这一时期欧洲的船队出现在世界各处的海洋上，寻找着新的贸易路线和贸易伙伴，以发展欧洲新生的资本主义。期间，人类从凭借经验认知，转而开始理性思考，哥白尼、伽利略、牛顿等科学伟人的诞生，标志着人类正式踏入科学的殿堂。

1492	西班牙统一
1526	莫卧儿帝国成立
1547	伊凡三世称沙皇
1557	葡萄牙获澳门居住权
1576	阿克巴大帝改革
1580	西班牙和葡萄牙合并
1588	英国击败西班牙无敌舰队
1594	阿克巴占领阿富汗
1600	黑奴贸易达到高潮
1620	五月花号开往美国
1644	“大清”建立
1642	英国革命爆发
1660	英国斯图亚特王朝复辟
1661	郑成功收复台湾
1688	光荣革命
1696	彼得大帝改革
1700	俄罗斯 – 奥斯曼战争爆发，持续近 200 年
1700	启蒙运动兴起
1707	莫卧儿分裂
1707	英格兰和苏格兰合并
1716	《康熙字典》问世

机器时代

给生物归归类——自然界分类法

到 1600 年，人类发现了约 6000 种植物，100 年后，又发现了 12000 个新物种。这让生物物种的科学分类变得尤为迫切。而瑞典的**自然科学家卡尔·冯·林奈**就为此做出了巨大贡献。

从小就热爱植物的林奈，在大学时就周游了欧洲列国。大量的观察和实践让他在 1735 年出版了**《自然系统》**一书，书中首次提出了全新的生物分类方式。

林奈将**自然界分为动物、植物和矿物**三大类，每一类又分为纲、目、属、种。其中植物界依据雄蕊的数目和特征分为 24 纲。他的分类系统在 19 世纪被广泛地接受。

植物的分类

到了 1753 年，林奈通过**《植物种志》**，总结了前人的经验，创造出新的植物命名法——**双名法**。双名法是将生物的属名和种名相结合的方式进行命名的，这种命名法直到今天仍在使用。

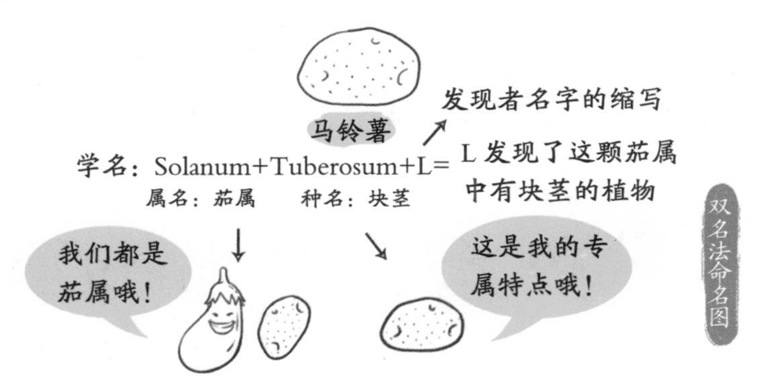

双名法命名图

林奈的双名法减少了生物学研究中的混乱，促进了植物学和动物学的进步。《自然系统》和《植物种志》的出版，标志着**近代分类学**的诞生。

机器时代

有弹性的神奇物质——橡胶

15 世纪末，哥伦布发现新大陆的同时也带回了这片土地上的**特产——橡胶**，这使欧洲人第一次认识了橡胶这种奇特的材料。

橡胶是**橡胶树的树汁**经过凝固、干燥后得到的。“胶树”一词在印第安语中的意思为“会流泪的树”，因为只要切开橡胶树的表皮，它就会流下像眼泪一样的白色汁液，十分奇特。

橡胶树**原产于南美洲的亚马孙森林**，所以从很早开始，当地的印第安人就开始使用橡胶了。他们把橡胶涂在衣服表面，使衣服变得防水，还把橡胶做成类似皮球的玩具，用于玩耍。

1736 年，**法国科学家康达敏**发表了世界上第一篇关于橡胶的文章，介绍了橡胶弹性好、耐磨、耐腐蚀、防水等优点。这使人们开始注意到这种神奇的材料，并逐渐将它用于制造交通工具的轮胎、防滑减震的胶垫、防水的雨具和密封条等物品。

今天，橡胶凭借其优越的性能，已经成为我们生活中不可缺少的材料之一。人们还造出了各种各样的**合成橡胶**，不仅为我们的生活带来了便利，也使科技得到了更迅猛的发展。

机器时代

危险的实验——电与避雷针

人类从很早就接触到了电，除了自然界中的闪电外，在公元前 2750 年左右，古埃及的书籍中就有人们观察**电鳐发电**的记录了。

电鳐是一种身体扁平的鱼类，能靠发电器官电击敌人或猎物。

而在地中海地区，很早就有文献记载了猫毛与琥珀棒摩擦后，可以吸引羽毛一类的轻小物体，这也是最早关于**摩擦起电**的小实验。

1752 年，美国人本杰明·富兰克林做了一个十分危险的实验。在雷雨天他与儿子用风筝将闪电吸引过来，并通过**风筝线末端的金属钥匙感受到了闪电**。

这一实验证实了闪电是大自然的一种放电现象，富兰克林也由此**发明出了避雷针**，用于保护建筑物免受雷击。

1836 年，第一块实用电池被制造了出来。随着人们对电的研究越来越深入，电慢慢渗透到了人类生活中的方方面面，方便了人类的生活，也推动了人类的发展。

机器时代

走！去航海吧——库克船长游太平洋

在 18 世纪末的英国，人们对大海对面的世界充满了好奇。虽然航海是一件很危险的事，但年少的**詹姆斯·库克**仍非常向往。他在不断实践和学习中，终于等来了游太平洋的机会。

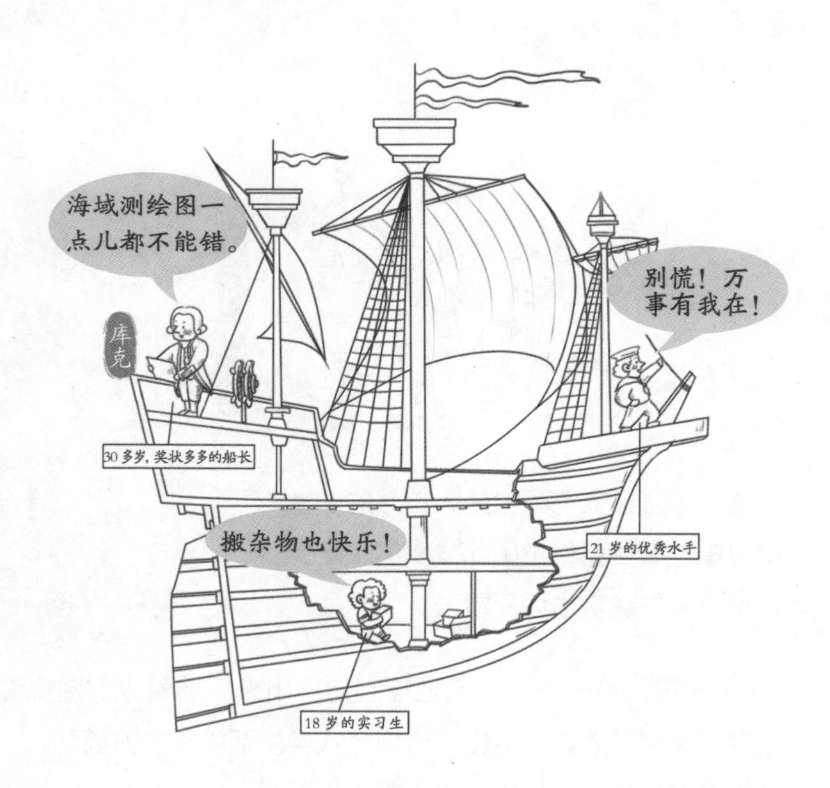

1768 年，库克被海军部任命为太平洋首次科学考察船船长。在这次航行中，他不仅**绘制了新西兰和澳大利亚东海岸的地图**，还改进了船员的伙食，让远航的船员免于因维生素 C 缺乏症而死。

维生素 C 缺乏症：由缺乏维生素 C 引起，曾严重威胁航海员的健康。

为了寻找新大陆，库克在 1772 年再次远航。他越过了当时人类向南极方向远航的极限，靠近了南极圈，到达了欧洲人还未踏足过的太平洋岛屿，并**绘制了海图**。

第三次太平洋旅程是库克的最后一次航海，他**发现了夏威夷群岛**，却在与当地人的一场冲突中不幸丧生。

库克踏足了西方人未曾登陆过的地域，由他命名的地方更是遍布太平洋各地。他成熟的航海技术和精准测绘的航海图，是当时航海史上一大突破。

机器时代

辅助燃烧的要素——氧气

18 世纪初，化学家们提出了一个**“燃素理论”**，认为一切可以燃烧的物体都是由灰和“燃素”组成的。

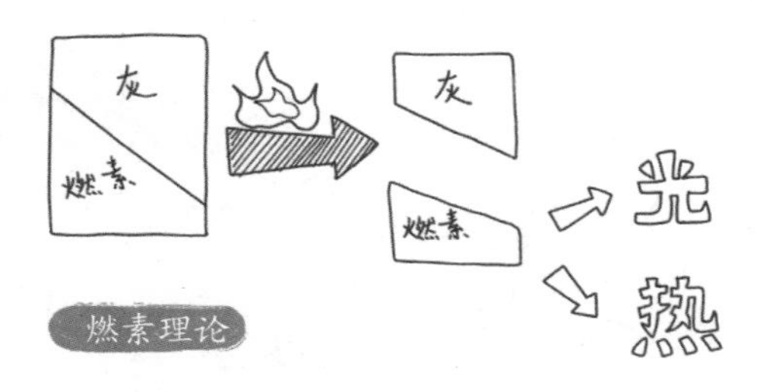

英国科学家普利斯特里参观工厂时发现了一种**可以让火焰熄灭的新空气**，经过反复实验，他终于确定，这种空气会让动物窒息，却可以帮助植物生长。

普利斯特里还发现，**植物会放出另外一种空气**，这种空气可以维持动物的呼吸，还可以使物体更剧烈地燃烧。于是，他开始着手制取这种空气。

功夫不负有心人，1774 年，普利斯特里用一种叫氧化汞的粉末成功地**制取出了这种新的空气——氧气**，并通过实验证明这是一种全新的空气。

后来，普利斯特里旅行到了巴黎，与法国科学家拉瓦锡分享了新空气的秘密，**拉瓦锡**通过研究氧气提出了**氧气才是燃烧的关键**，彻底推翻了“燃素理论”。

氧气的发现对化学界来说是十分重要的，它不仅**揭示了燃烧的本质**，更引起了一场化学界的革命，开创了化学发展的新纪元。

机器时代

我的发明改变了世界——瓦特改良蒸汽机

自蒸汽机诞生之后，确实一定程度上减轻了人类的劳动负担。但是**老式蒸汽机损耗巨大**，使用起来并不划算，所以并没有得到广泛的应用。一天，英国发明家瓦特在维修蒸汽机时，突然意识到蒸汽机还有改进的余地。

瓦特将老式蒸汽机的**冷凝器单独放在外面**，这样汽缸可以一直保持高温，蒸汽机的能耗减少了，效率也提高了。

1776 年 3 月 8 日，瓦特改良出的蒸汽机正式开始运行，但他并没有止步于此，之后又对蒸汽机进行了多次改良。1782 年，瓦特设计出**双向式蒸汽机**，蒸汽能从两个活塞交替进入汽缸，带动蒸汽机持续工作。

1788 年，**瓦特发明出了离心式飞球调速器**。调速器作为蒸汽机的大脑，能根据进入汽缸的蒸汽多少，控制蒸汽机的运转速度。

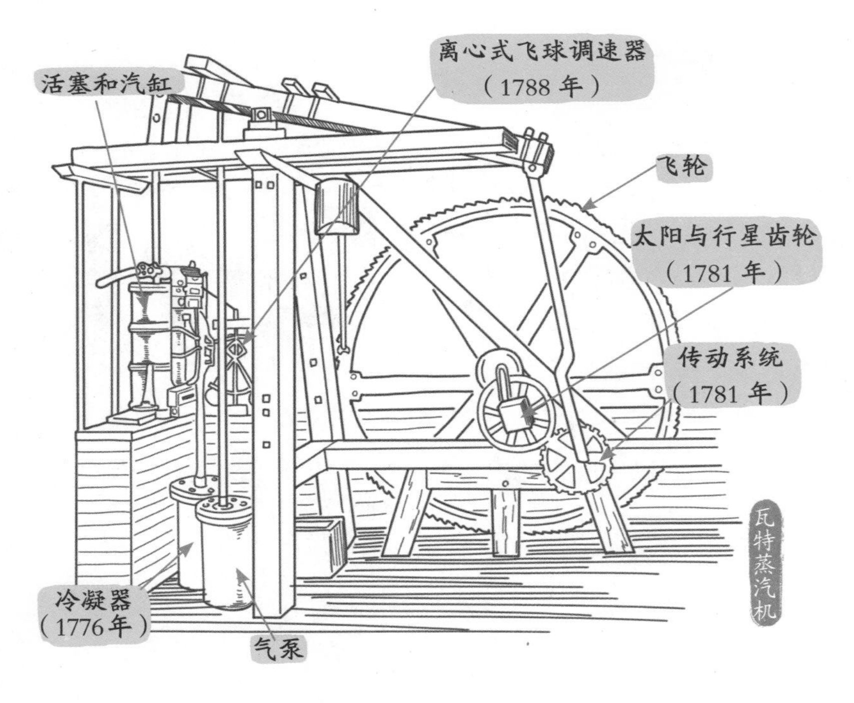

瓦特改良蒸汽机使人类**进入了“蒸汽时代”**，改良后的蒸汽机也被广泛运用到了许多地方，比如蒸汽机车和汽轮。

机器时代

气球带我们上天啦——热气球

一天，法国造纸商孟格菲兄弟在工作时偶然发现，扔到火里的纸屑会不断上升。于是，他们展开了思考：热空气能让轻的物品飘起来，那是不是也能让物品升上天？

1783 年 6 月 4 日，孟格菲兄弟用麻布和纸做成一个大袋子，又收集了满满一口袋的热空气，成功放飞了这只“热气球”。

同年9月19日，孟格菲兄弟在热气球下吊了一个笼子，羊、鹅、鸡三位乘客坐着热气球上了天，在空中飘浮了约8分钟后平安归来。

孟格菲兄弟做足了一切准备，在2个月后的11月21日，成功让热气球带着人类飞上了天空。热气球在25分钟里飞越了大半个巴黎。

借助热气球之力，人类圆了上天的梦。后来，热气球飞行也成了诸多体育项目中的一个。

机器时代

让钢铁臣服的大家伙——水压机

铁匠可以敲打出兵器、刀具等小工具，但如果遇到上百吨的巨型钢铁，就需要水压机出场了。它可以**把钢铁像揉面团一样锻造成任何形状**。

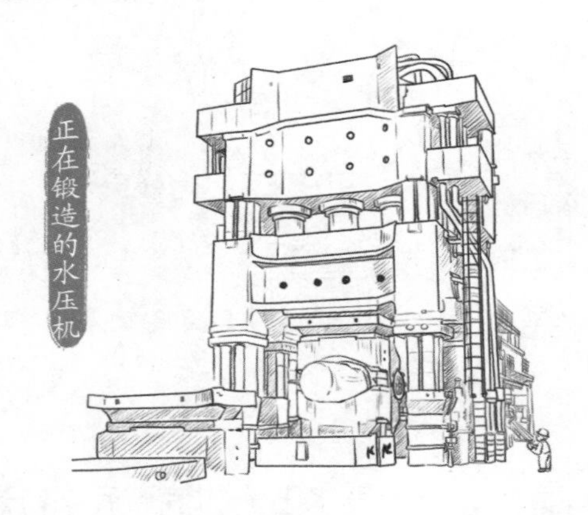

水压机能得以被发明，法国物理学家帕斯卡功不可没。他在约 1650 年发现：**封闭的液体可以将等大的压强，传递到液体的每一部分**。这就是著名的帕斯卡定律。

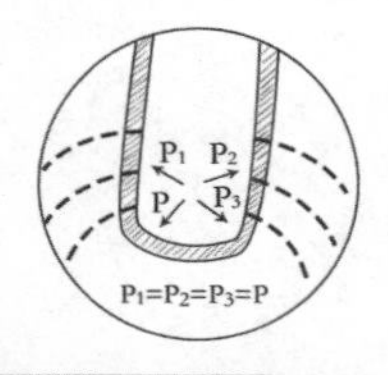

将水挤压出来的压力大小相同，水花才能一样大。

受到挤压，水会将受到的压强一层一层传递出去。

1795 年英国的工程师**布拉默**利用帕斯卡定律，制成了第一台实用的水压机。

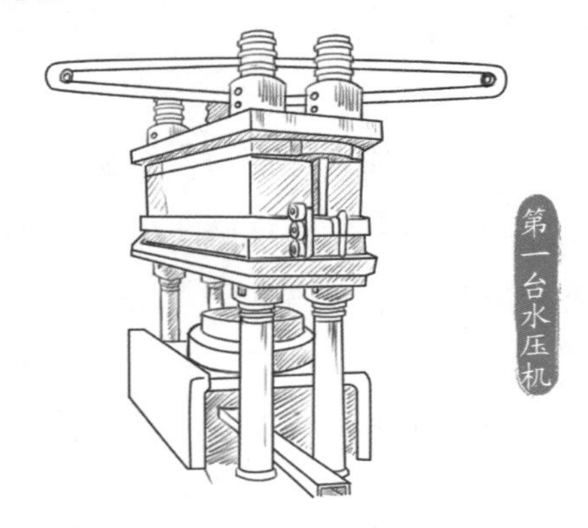

第一台水压机

水压机就是**用管道将大小两处活塞连接起来**。当对小活塞施加压力的时候，水把小活塞的压强原封不动地传到大活塞上。大活塞的面积越大，总压力也就越大。我们也就可以很轻松地挤压很大的物体了。

水压机**是发展重型机械制造工业的关键设备之一**，汽船、水电站、国防工业、核工业等建设所需的大型零部件，几乎都由它锻造。它已经成为世界重工业发展不可或缺的关键工具。

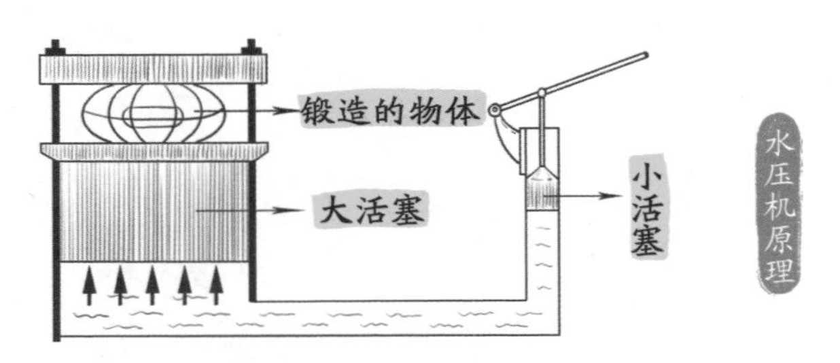

水压机原理

压强：物体在单位面积上受到的压力。压强相同时，受力面积越大，压力越大。

机器时代

断句的指挥官——标点符号

人们书写时如果不加入标点符号，别人在阅读时就很容易出现歧义，造成对文章字句的误解。如“下雨天留客天留我不留”这一句就有好几种解释方法。

为了阅读方便，我国先秦时期就出现了一些标点符号，比如用“└”型的符号表示文章的结束，用“▬”来表示断句等，但由于人们没有对其进行过统一整理，所以它们没有被沿用下来。

而在西方，为了方便朗诵，文字开始有了“点”号，这些“点”让读者知道哪里需要稍停，哪里需要加强语气等。

500 多年前，意大利的马努提乌斯制定了 5 种印刷标点。这些标点随着他家族出版的书传播开来，逐渐被各语种普遍采用，成了现代标点符号的雏形。

标点符号的发展十分缓慢，英语的标点符号是在 200 多年前才发展完备的，而我们现在使用的这套标点符号，是在 1919 年 4 月，由胡适等 6 名教授提出的。标点符号的成熟既方便了人们的阅读和书写，也推动了文化的发展和传播。

机器时代

健康小卫士——疫苗

疫苗是一种可以**让免疫系统学会应对疾病**的制剂，它们大多由病原微生物及其代谢物经过人工减毒、灭活后制成，无毒无害。免疫系统经过疫苗的“演习”，等真正的疾病到来时，就能够在第一时间作出反应了。

300 多年前，一种名叫**天花的传染病**在西方爆发，实习医生爱德华·詹纳听说，挤奶工因为感染过症状温和、不会致死的牛痘，所以不会染上天花，于是他着手验证这个说法。

在 1796 年 5 月，**詹纳做了一个实验**，他从挤奶工手上取出牛痘的脓液，种在了一个八岁小男孩的身上，小男孩染上了牛痘，但很快就痊愈了。

两个月后，**詹纳给小男孩接种了天花**，结果小男孩一直很健康，并没有出现感染天花的症状。几个月后，詹纳又给小男孩接种了一次天花，小男孩依旧很健康。

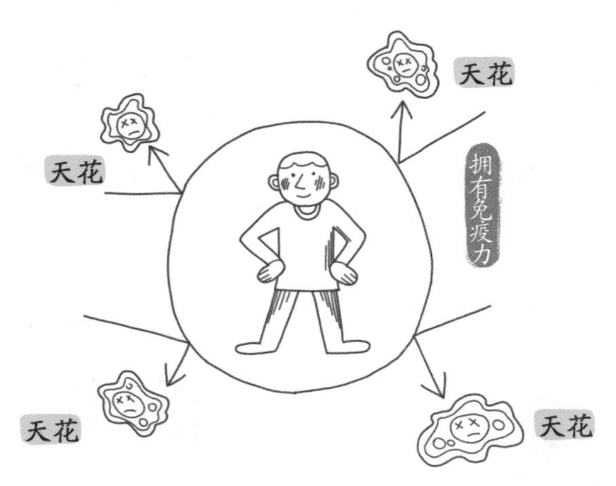

天花疫苗的诞生，使天花的发病率急剧下降。到今天，**天花已经成为唯一一种被人类消灭的传染病**。而后出现的各种疫苗，也帮助人们抵御了疾病的侵袭，为人类的健康保驾护航。

机器时代

世界上第一块电池——伏特蓄电池

在发现电的存在之后，人们就开始尝试更深入地去研究电，但摩擦得到的静电并不够实验使用，所以，人们开始研究能够储存更多电的东西。

1793年意大利物理学家伏特参加了英国皇家学会的会议，并结识了另一名科学家——伽伐尼，他曾经用两个金属，同时触碰青蛙的大腿，青蛙仿佛感受到了电流，肌肉抽搐。这个实验引起了伏特的兴趣。

伽伐尼认为让肌肉抽搐的是存在于青蛙体内的生物电，但伏特觉得，**接触到青蛙的金属可能才是电流产生的主要原因**。

1800 年，伏特**用盐水代替青蛙**，将铜片和锌片放入盐水中，成功产生了电流，制成了世界上第一个电池——伏特电堆，他还把六个这样的电池联在一起，让它变得更适合做实验。

这种**电池的原理**是两种金属在溶液中发生了不同的化学反应，当它们被接在一起时，两种化学反应让电子产生了固定方向的移动，于是就产生了电流。

为了让电池更便携、更耐用，人们还曾把铜和锌换成碳、铁或铅等材料，盐水也曾被替换成了硫酸等液体。电池的出现不仅**为电化学的发展奠定了基础**，更大大推动了科技的进步，使我们的生活变得更加方便、舒适。

机器时代

看不到的微观世界——原子论

早在 2400 多年前，古希腊的哲学家们就为**“万物是由什么构成的”**而争吵不停。其中一对名叫留基伯和德谟克利特的师徒，提出了“万物是由不可分割的粒子构成”，这个猜想最符合实际。

同样支持原子论的还有大物理学家牛顿，他**认为物质是由一些很小的微粒组成**，这些微粒通过某种力量彼此吸引。这一理论对后来的物理学家道尔顿产生了深远的影响。

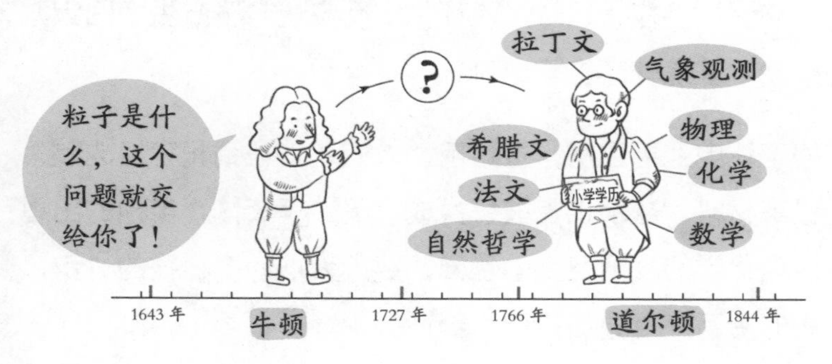

道尔顿 27 岁时就出任了大学的物理教师，同时他还在**专注地研究气体**。在这个复杂的过程中，他逐渐意识到，物质中真的有肉眼看不到的微粒存在。

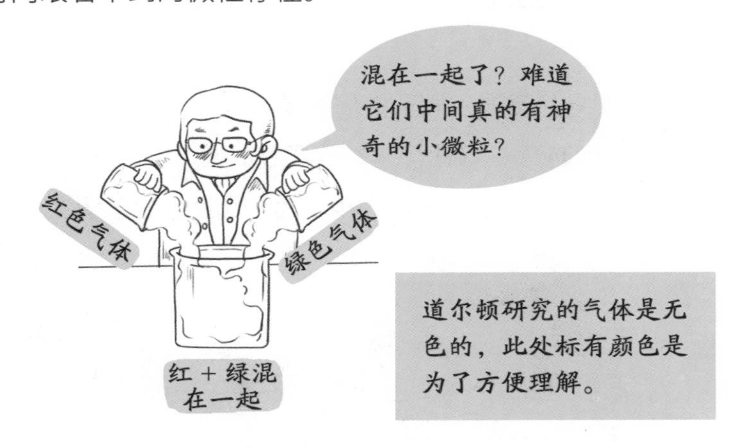

为了证明自己的观点，他进行了无数次的化学实验，最终**成功测算出了一些原子的质量**，用真实的数据向人们证实了原子的存在。

1808 年，道尔顿在**《化学哲学新体系》**这部著作中，阐明了原子理论的由来以及具体的应用。这种新概念让当时的众多化学现象得到了统一的解释，使人类步入了原子时代。

机器时代

会喷火的钢铁巨兽——蒸汽机车

16 世纪，英国人为了更加方便地运输煤矿，在**煤矿场内铺设了木制的轨道**，好让马车跑得更快，更省力。不过人们并不满足于只使用马车，他们试图将蒸汽机应用在车辆上。

早在 1804 年，一个名叫特里维西克的英国矿山技师，就造出了世界上第一台蒸汽机车。但这台机车有很多缺点，比如没有驾驶室，经常打滑、脱轨等。这时，英国的**机械师史蒂芬孙**，开始对蒸汽机车进行改良。终于在 1814 年，他发明出了第一台可以载煤 30 吨的蒸汽机车。

蒸汽机车使用蒸汽机提供动力，水在机车的锅炉中形成水蒸气。水蒸气膨胀后就会推动活塞向下。水蒸气被放出，活塞又会回到原来的位置。**活塞连接着的摇杆，通过重复运动带动车轮向前前行。**

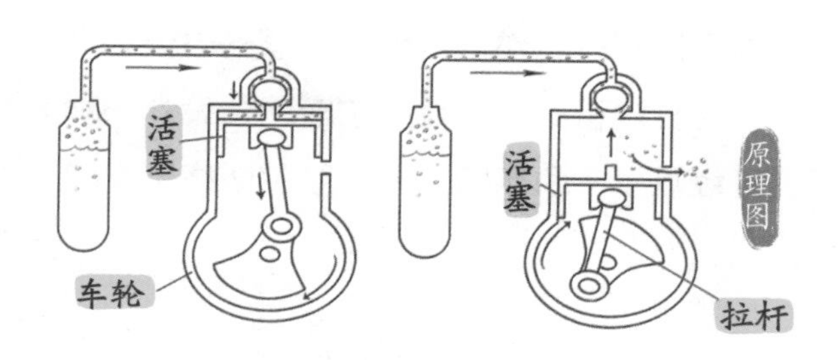

后来史蒂芬孙改良了蒸汽机车噪音巨大、速度慢的缺点。他和儿子终于在1825年制造出了**第一辆载客列车“机车一号”**，成功牵引几十节车厢，运载数百名旅客，行驶了30多公里。

蒸汽机在**交通运输业中的应用**，迅速地扩大了人类的活动范围，促进了经济发展。直到今天，火车仍然是世界上重要的运输工具。

机器时代

瞬间送达的书信——电报

1827 年，美国艺术家摩尔斯突然接到妻子去世的信息。摩尔斯立即赶回家中，然而等他回到家的时候，他的妻子早已被埋葬了。这种痛苦的经历让摩尔斯**想要设计一种可以长途通信的工具**。经过了十余年的努力，摩尔斯终于发明了世界上最早的电报机。

摩尔斯想到用机器发射两种不同的电流，再用一台机器在远方接收这两种电流并发出声音。**短波电流呈现“嘀”声，长波电流呈现“嗒”声**。这样就可以用这两种声音来传达意思。

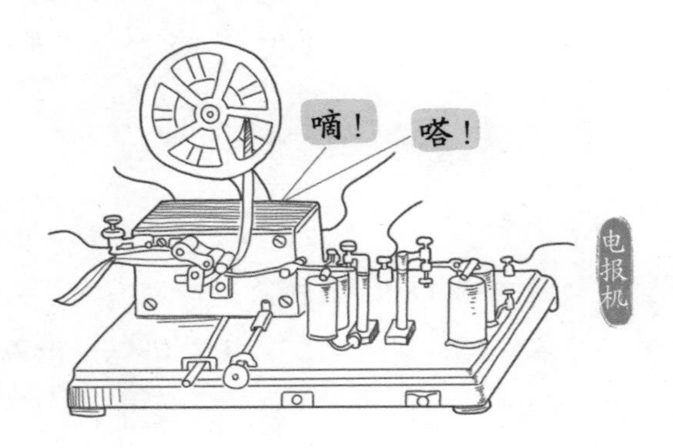

为了配合电报机的信号模式，**摩尔斯和朋友艾尔菲德·维尔又发明出一套密码**，将英文字母对应到两种声音之中，即“摩尔斯电码”，实现了他的远距离传递消息的愿望。

一声“嘀”，一声“嗒”就是A。电报员把电报全部转换为字母，然后再组成信息。一个熟练的电报员每分钟可以传输或接收30个字符。

1844年，摩尔斯从华盛顿发出了世界上的第一封电报，内容是：“上帝创造了何等的奇迹！”接下来的6年内，美国搭设了1.9万公里的电报线，成为当时**世界上通信最发达**的国家。

机器时代

最常用的现代材料——塑料

1862 年，英国化学家帕克斯试着把胶棉与樟脑混合后，产生了一种可弯曲的硬材料，称为“假象牙”，那便是最早的塑料。

1868 年，用于制造台球的象牙出现了短缺，这使印刷商海厄特看到了商机，于是他改进了“假象牙”的制造工序，取名“赛璐珞（lù luò）”，并开始用它制造台球。

但这种塑料很容易着火，所以它能够制造的产品并不多。直到 1909 年，**美国化学家贝克兰**成功地制造出了耐高温的酚酣（fēn hān）塑料，塑料的使用范围才被扩大。

如今常用的**塑料的主要成分是合成树脂**，为了提升性能，人们还会在其中加入填料、增塑剂、润滑剂、稳定剂、着色剂等，使它们变成我们想要的样子。

时至今日，塑料已经成为我们生活中必不可少的材料之一，它在推动人类社会的进步和提高人类生活水平上都起到了十分重要的作用。

机器时代

方便穿戴的科技——拉锁

150 多年前，长筒靴在西方十分流行。但每只**长筒靴上有二十多个铁钩式纽扣**，穿脱都十分麻烦，有的人为了免去这个麻烦，只好整天穿着。

1851 年，美国人爱丽斯·豪申请了一个类似拉锁设计的专利，但由于技术原因，**这个拉链不容易被拉开**，没能被商品化，甚至被遗忘达半个世纪之久。

1893 年，美国工程师贾德森研制了一种可以代替鞋带的拉链，并成功地应用在了高筒靴上。但因为它的**锁紧装置质量不过关**，很容易松开，所以并没有很快流行起来。

1912 年，贾德森公司的雇员萨德巴克把**拉锁的齿牙改成了上凸下凹的形状**，这样它们就能完全一一对应咬合，既不易卡住，也不易脱节裂开，使拉锁变得好用了很多。

经过不断改进，拉锁终于变成了我们今天所见到的样子。它不仅方便了我们的生活，还可以使很多设计更加美观大方，是一项十分了不起的发明。

机器时代

诞生于柳树皮中的神奇药物——阿司匹林

约 2400 年前，古希腊医师希波克拉底在留下的历史记录中写道：**将柳树皮或柳树叶磨成粉**，能缓解疼痛和发烧症状。但柳树皮为何能有这么神奇的作用呢？

1827 年，科学家们从柳树皮中分离出来了水杨酸。**水杨酸是一种白色晶状粉末**，柳树皮之所以有那些神奇的治疗作用都是因为它。

水杨酸虽然功效神奇，但是吃起来**特别苦**，还会刺激胃。因此，人们开始在水杨酸中加入其他物质，以减少水杨酸的副作用。

1853 年，法国化学家查尔斯·弗雷德里克·格哈特**合成了乙酰（xiān）水杨酸**，也就是阿司匹林。后来，人们发现，阿司匹林不仅能够解热镇痛，还能降低心脏病发作的风险。

到了现在，人们还在继续研究阿司匹林的新用途，阿司匹林已经成为世界上**应用最广泛**的药物之一。

机器时代

颠覆神学的理论——达尔文的进化论

1831 年 12 月，英国生物学家达尔文乘坐军舰小猎犬号，踏上了**为期 5 年**的环球考察之旅。

途中，达尔文采集到了**许多动植物标本**。通过对比和分析，他发现：有些物种消失了，有些物种出现了，还有些物种在适应不同的生活环境后，长得和原来不太一样了。

例如，加拉帕戈斯群岛（位于太平洋东部）本没有鸟，地雀从南美洲飞过去之后，样子慢慢发生了变化。群岛中不同小岛上的地雀，样子也有所不同，尤其是**它们的嘴形**。

旅程结束，达尔文将资料进行整理和归纳后，提出了“生物进化论”。随后，他又花了将近 20 年时间，完善自己的学说，在 1859 年出版了震动当时学术界的著作——《物种起源》。

达尔文的进化论是人类史上的重大科学突破之一，但也是一颗炸弹，给人们的思想带来了巨大冲击。当时的大多数人还是更愿意相信“物种从古至今都是一个模样”，以及“人类是由神创造的”等说法，只有一些进步的学者宣传达尔文的理论。后来，越来越多的研究佐证了**达尔文的进化论**，它才逐渐获得人们的认可。

机器时代

水中的杀手——鱼雷

鱼雷是一种能够在水下移动、爆炸的进攻武器，它可以依靠接触目标引爆也可以用定时的方式引爆，因为它的外形很像鱼，所以被称为“鱼雷”。

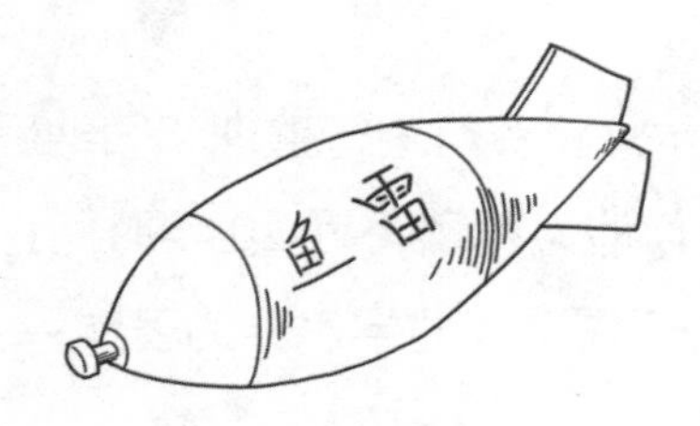

约 200 年前，海上流行一种绑在小艇上的武器。因为它是靠着长杆固定在小艇上的，所以被称为撑杆雷。打仗时人们驾驶小艇冲向敌方舰艇，碰撞后撑杆雷就会爆炸。

1864 年，奥匈帝国海军的**卢庇乌斯舰长把发动机装在了撑杆雷上**，想让撑杆雷自己航行，但并没有成功。

两年后，曾参与过改造撑杆雷的英国工程师罗伯特·怀特黑德成功研制出了世界上第一枚鱼雷——白头鱼雷。鱼雷上的**发动机可以带动螺旋桨推进鱼雷前进**，鱼雷尾部的水平舵板则可以帮助它控制航行的深度。

鱼雷自诞生以来就一直在**对战舰艇与潜艇的第一线**。它速度快、威力大，适合装配在飞机、舰艇和要塞或港口的发射台上，是海军的重要武器之一。

机器时代

帮元素排队吧——元素周期表

随着对化学研究的深入，人们发现的**化学元素也越来越多**。它们看起来“性格”迥异、毫无规律，人们想要研究它们时常常无从下手。

1868 年，俄国化学家德米特里·门捷列夫在制作一本化学教材书时想到，能不能**把这些化学元素按照一定顺序，排列在一个表格里**呢？于是他就动手试了一下。

通过尝试，他发现如果按元素的相对原子质量大小排列元素，两种相隔一定数量的元素，就会有相近的特性。这使他意识到，**元素们其实并不是一群乌合之众**，而是一支纪律严明的军队。

相对原子质量：以一种碳原子质量的 1/12 为标准，其他原子的质量与它相比较后，所得到的比，就是原子的相对原子质量。

于是，门捷列夫在 1869 年 3 月 6 日的**俄国化学学会会议上**提出了自己的想法，并公布了这个表格，也就是我们所熟知的元素周期表，并通过它准确地预测了三种尚未发现的元素。

元素周期表可以帮助人们**有计划、有目的**地探索新元素，还可以矫正其他元素的数据，甚至影响了人们对世界的理解，有着不可替代的作用。

机器时代

写满了遗传密码的小信使——DNA与RNA

你知道吗？小朋友长得像自己的亲人，“种瓜得瓜、种豆得豆”都不是出于偶然，这一切都是一种神奇的**遗传物质——DNA 与 RNA** 决定的。

1869 年，年轻的瑞士生物学学生**弗里德里希·米舍尔**正在一家研究所工作。那时正值战争时期，研究所旁的医院里有很多伤员，他在检查伤员用过的绷带时发现了一些奇怪的物质。

这是一种**从未被人发现过的复杂物质**，它们不仅仅存在于人的细胞中，其他生物的细胞核里也有。米舍尔把它们从细胞中分离了出来，并给它们取名为核酸。

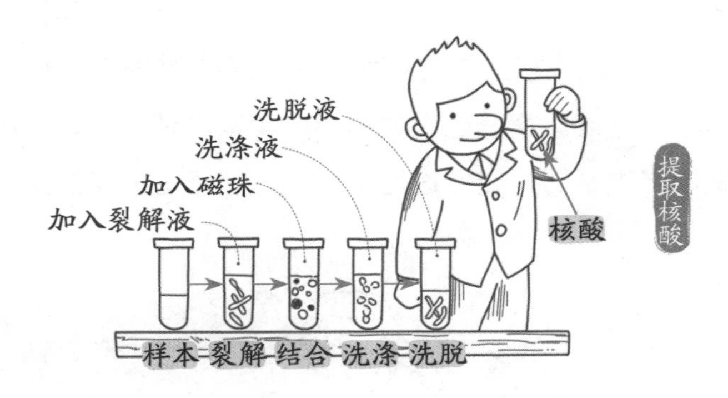

后来，科学家在 1929 年发现核酸其实分为两种，**一种是 DNA，一种是 RNA**，它们在细胞内的位置、结构和成分都不太一样。1943 年，人们终于确定了它们就是与遗传有关的物质，并于 1953 年确定了它们的模型。

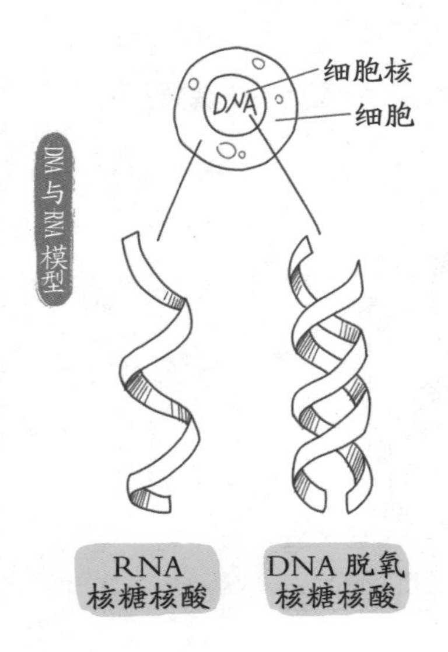

DNA 与 RNA 的发现对人们**解开遗传的密码**十分重要，人们现在已经能够改变农作物的基因，使它们更符合我们的需求了，在未来，人们也许还能通过它们来克服疑难杂症呢！

机器时代

可以透视的光线——X 射线

1895 年，德国物理学家伦琴在实验过程中，偶然发现一种光线。它可以穿透被密封的严严实实的玻璃管，发出荧光。于是便产生疑问，或许这是一种肉眼看不见的未知射线。

于是伦琴多次重复这个实验，希望找到那道看不到的“光”。有一次，伦琴在实验中又惊讶地发现，那道光可以射穿自己的双手，将手骨的影子呈现在荧光板上。

射线是由各种放射性元素发出的具有能量的粒子束或光束。

为了验证它还能穿透什么样的物质，伦琴拿来了木片、橡胶皮、金属片等。他把这些东西一一放在射线管与荧光板之间，这种神奇的射线把它们全穿透了。伦琴欣喜若狂，他确信这是一种从未被发现的射线，便把**这道光称之为“X 射线”**，即**“未知的射线”**。

伦琴用妻子之手拍摄的 X 射线照片，这是世界上最早的“X 光片”，其中金属圆环是婚戒。

X 射线后来被广泛地应用到医学、勘探等多个领域，成为帮助人们“看透”世界的法眼。

机器时代大事记

有一种革命叫“工业革命”，在革命“前线”奋斗的，是一群勤勉的科学家和发明家。纺织工詹姆斯·哈格里夫斯偶然发明了“珍妮纺纱机”，拉开了工业革命的大幕。瓦特改良了蒸汽机，宣告“蒸汽时代”的来临。从此，各种各样的发明层出不穷，机器逐渐取代了人力，所以这个时代也常常被称为“机器时代”。

技术的进步，带来了科学文化的突飞猛进。达尔文、牛顿等人的科学发现，奠定了近代科学发展的基础。诺贝尔等人的发明，更是为人们带来了无数的便利。正是有了“机器时代”的积累，人类社会才能更快、更稳地迈向更光明的“电气时代”。

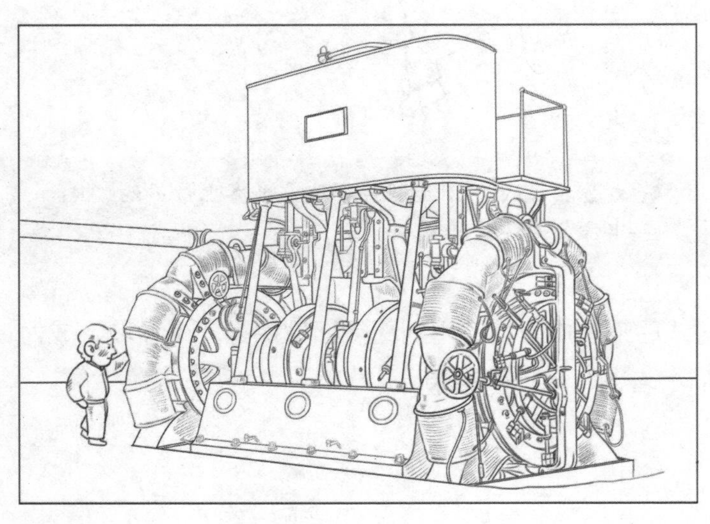

1750	第一次工业革命开始
1756	七年战争爆发
1762	叶卡捷琳娜登基成为沙皇
1775	美国独立战争爆发
1782	《四库全书》问世
1783	美国独立
1789	法国大革命爆发
1796	白莲教起义
1799	雾月政变，拿破仑上台
1815	滑铁卢之战
1825	俄国十二月党人起义
1830	美国西进运动开始
1834	德意志各邦统一关税
1840	第一次鸦片战争
1842	中英签署《南京条约》

1847	马克思完成《共产党宣言》
1847	沙俄占领中亚
1848	马克思、恩格斯发动法兰克福革命
1848	法兰西共和国成立
1850	德意志工业革命兴起
1851	太平天国起义
1856	第二次鸦片战争
1861	洋务运动开始
1861	俄罗斯废除农奴制
1861	美国南北战争爆发
1865	第一国际成立
1868	明治维新
1870	普法战争

电气时代

用爆炸来提供动力——内燃机

早在约 400 年前，著名的物理学家惠更斯在研究火药时就开始设想，能不能**把火药巨大的爆炸威力变成动力**。但是，当时的技术很难控制爆炸的威力，惠更斯并没有成功。

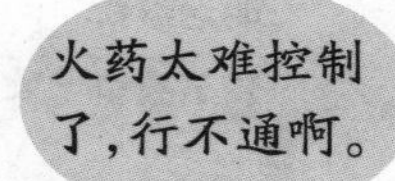

后来人们通过对燃烧的研究发现，**控制燃料和空气的比例**，可以控制爆炸的威力。又有人想到可以让爆炸在密闭的活塞内进行，**用爆炸推动活塞运动**，就可以把爆炸化为动力。这成为内燃机的基本构想。

不过，在随后的应用上，内燃机需要消耗很多燃料，效率不高，人们一直在寻找改善的办法。直到 1876 年，德国发明家**奥托发明出世界上第一台四冲程内燃机**，大大提高了内燃机的效率和稳定性。

奥托和内燃机

冲程指活塞在气缸内从一端到另一端的距离，四冲程的意思就是完成一个工作循环，活塞要在气缸里走四次这个距离，就是来回两次。它可以分开完成吸气、压缩、做功、排气四个部分，所以能够高效地利用燃料。

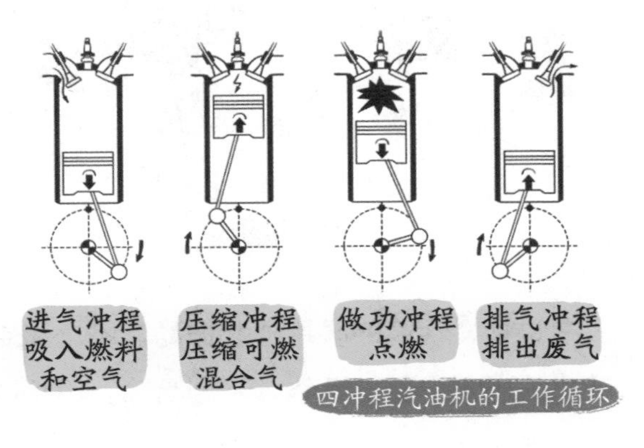

四冲程汽油机的工作循环

内燃机的出现大大方便了人们的工作，尤其在交通领域，为制造**高效实用的汽车**奠定了基础。

电气时代

隔空畅谈的工具——电话

1844 年，美国艺术家摩尔斯成功进行了电报实验，让人们离得很远也可以快速传递消息。实验引发了人们的思考：**声音是不是也能通过电线**，传递给远处的人呢？

1875 年 6 月 2 日，发明家贝尔和助手沃森分别在两个房间配合做实验。这时，沃森屋中的铁片无意间振动起来，振动的声音通过金属丝，传递到了隔壁贝尔的房间。这个现象引起了贝尔的深思，当晚，贝尔画出了电话原理图。

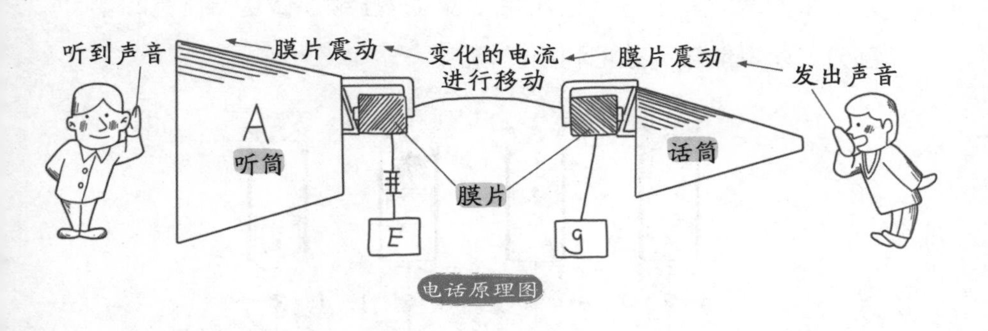

电话原理图

一个人在讲话，话筒的膜片随之振动，**磁场和电流**也发生了变化。变化的电流沿着电话线，走到听筒，用相同的原理变回了声音，传递给另一边听电话的人。

之后，贝尔发明出了电话，不过它真正工作是在 1876 年的 3 月 10 日。当时，贝尔不小心把实验用的硫酸溅到腿上，他忍不住对着话筒大声喊道：“沃森，快来帮帮我！”这句话就成了世界上第一句电话传音。

电话发明后，**信息传递**变得更加方便而简单了，人们不用掌握复杂的电报发送方法，也可以轻松地和不同地方的人通话。

食物保鲜的好办法——巴氏灭菌

在显微镜被发明出来之后，人们逐渐意识到了各种微生物的存在，也知道了它们是**食物变质的罪魁祸首**，但人们并不知道这些小东西是从哪里来的。

约 160 年前，法国微生物学家巴斯德用两个烧瓶做了一个著名的实验，证实了细菌不是凭空出现的，它们也是和其他生物一样，是**由原有的微生物产生的**。

那时法国的酒商经常为酒变质发酸而烦恼，为了去除会使酒变质的细菌，巴斯德利用细菌不是很耐热的特点，发明了一种**低温杀菌**的办法：只需要把刚酿好的酒缓缓加热到 55℃，再用瓶塞隔绝微生物进入，就可以保证酒不再变质。

利用这种方法，人们还对牛奶等食物进行了杀菌，经过**巴氏灭菌**的牛奶味道和营养都不会发生改变，只要保持低温存放，就可以放好几天。

巴氏灭菌法的诞生使人们的食品安全得到了保障，也使很多食物有机会被**运往更远的地方**，对商业的发展也有着重大的意义。

电气时代

我们有比火更安全的“光”啦——白炽灯

自从发现电后，发明家们就尝试使用电来制作**可以发光的工具——电灯**，来代替不是很安全的油灯、蜡烛等照明工具。电灯发光的原理很简单，只要给电灯通上电，电流通过灯丝，产生热量，当灯丝聚集很高的热量让**灯丝处于白炽状态时，灯丝就会发出光芒**。然而，发明家们却遇到了一个难题：灯丝在高温下很快就会被烧断，怎样才能让电灯持续发光呢？

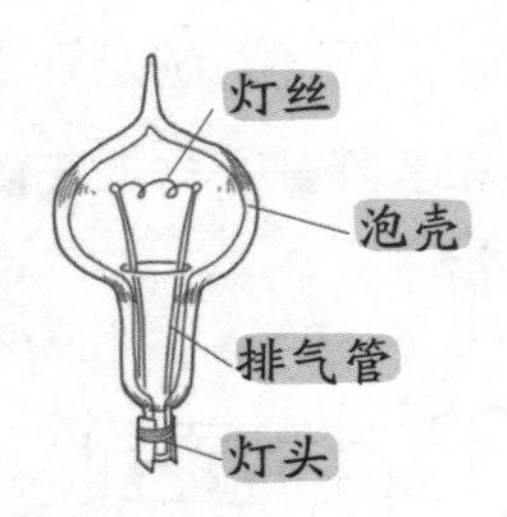

1860 年英国人约瑟夫·斯旺用**真空机抽出灯泡内的空气**，让电灯的寿命延长了一些。

美国发明家爱迪生则在真空的基础上，尝试用**金属、头发和食物等各种材料充当灯丝**。

实验了上千次后，他终于发现，当**碳丝作为灯丝**时，灯亮的时间更长。1879 年 10 月 21 日，爱迪生发明出了碳丝白炽灯，可以持续亮 45 小时左右。

1880 年，爱迪生又发现，当**竹丝碳化**后，白炽灯可以发光近 1200 个小时，继而发明出了碳化竹丝灯。有着足够使用寿命的电灯才终于能够被大众所使用。

电灯的出现让我们改变了过去日出而作、日落而息的生活习惯，方便了人们的生活，大大改善了人们的生活环境，成了**必不可缺**的日用品。

哒哒哒，数不清的连击——马克沁机枪

19 世纪的美国，一个名叫海勒姆·史蒂文斯·马克沁的发明家发现，士兵们手中的老式步枪不仅需要打一枪装一发子弹，它产生的巨大后坐力还会把肩膀撞得淤青。他便想要发明一把可以自动发射子弹的枪。于是在 1884 年，马克沁机枪诞生了。

马克沁利用射击时子弹喷发的火药气体，使枪完成送弹、退壳、射击等一系列动作，节省了装弹的时间，让枪械可以自动连续射击。

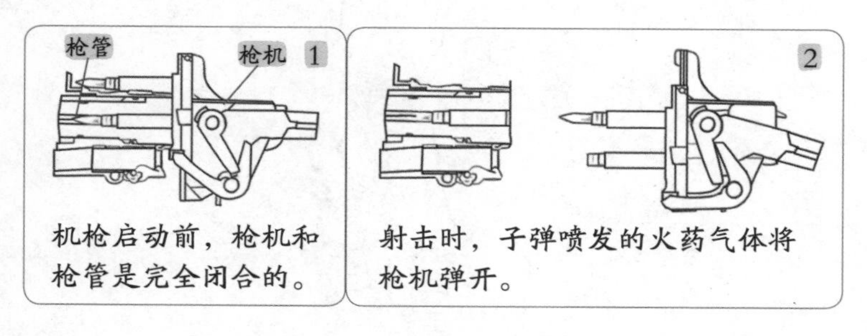

机枪启动前，枪机和枪管是完全闭合的。

射击时，子弹喷发的火药气体将枪机弹开。

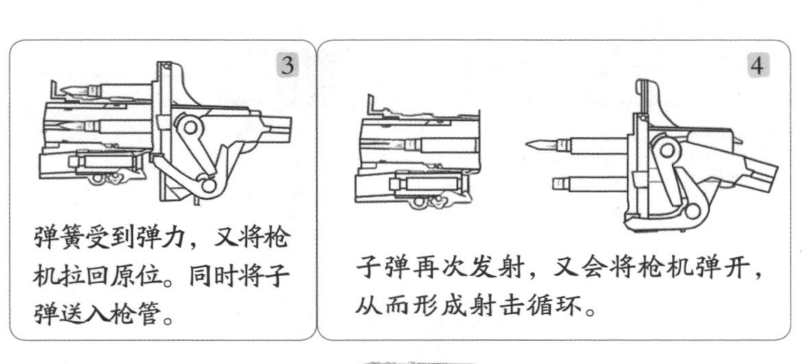

装弹步骤

马克沁机枪在理论上可以做到**每分钟发射 600 发子弹**，但发射瞬间由于火药的燃烧，枪膛内最高温度可以达到 3000℃。为了给机枪降温，马克沁还**增加了降温装置**。

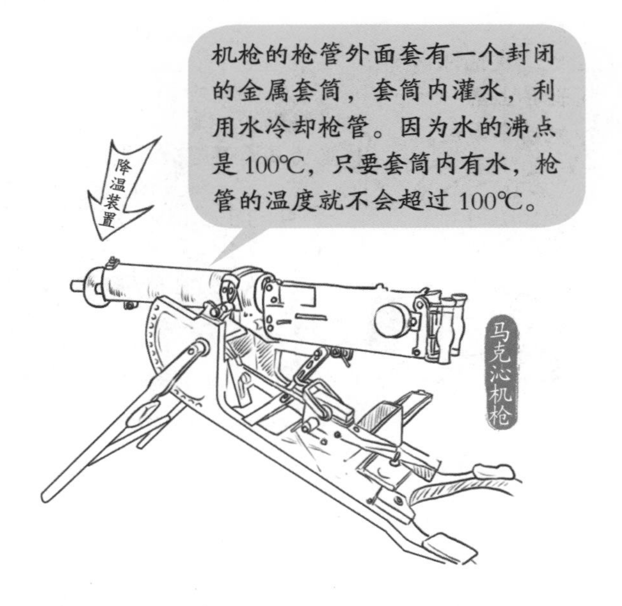

马克沁机枪是世界上第一种以火药燃气为能源的**自动枪械**，它的出现是世界枪械史上一个重要的变革。

电气时代

四轮上的时代来临了——汽车

从 200 多年前起，马车就是人类的主要交通工具，跑得快不快马说了算。直到有了蒸汽机，车才有了能一直奔跑的动力。1769 年，法国人 N·J·居纽就开着自己制造的蒸汽汽车上路了。但这个大家伙又吵又慢，还难以驾驶，以至于撞到了墙上。

内燃机面世后，1885 年德国人卡尔·本茨率先将内燃机装到了三轮车上，制成了目前世界上公认的**第一辆内燃机汽车**，取名为“**奔驰 1 号**”。没错，他就是享誉世界的戴姆勒—奔驰公司的创始人。

紧接着另一位工程师**戈特利布·戴姆勒推出了四轮汽车**。汽车的形态逐渐向现代靠拢。但此时的汽车都为手工制造，每次只能生产一辆，价格特别昂贵。

1913 年，**福特公司**开发出了流水线生产产品的方法，大幅降低了汽车的售价。汽车终于从奢侈品变为大众的代步工具。

汽车的出现改变了人们的生活方式，人口开始**从中心城市向四周扩散**，加速了经济的发展。现在，世界上的汽车已经超过了 10 亿辆。

电气时代

揭示生物遗传的奥秘——遗传学

遗传学是研究生物体的**遗传和变异的科学**，是生物学的一个重要分支。其实从史前时期开始，人们就已经利用生物体的遗传特性通过选择育种来提高谷物和牲畜的产量。例如：把两种不同的牛交配，得到另一个品种。只不过那时的人们还不理解其中的原理。

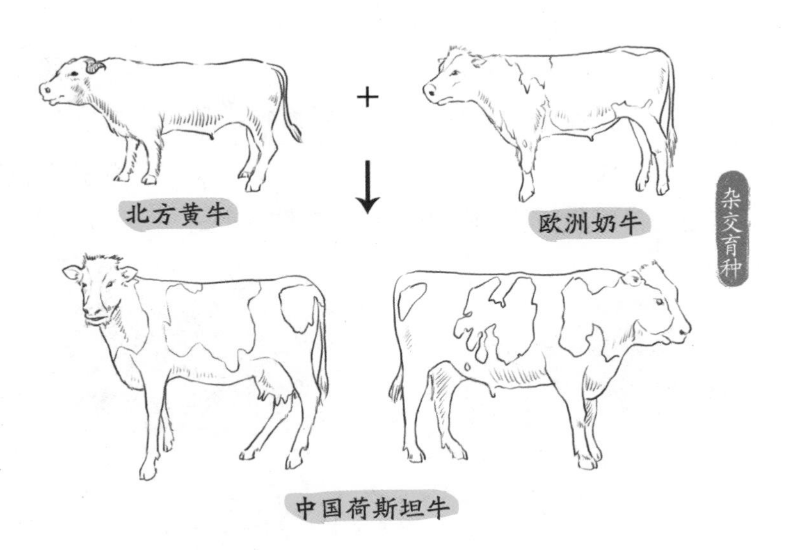

现代遗传学的**奠基者是格雷戈尔·孟德尔**，他是一位奥地利科学家。他致力于研究植物的遗传现象。1865 年，他的论文**《植物杂交实验》**发表。在论文中，他展示了豌豆在杂交实验中所表现的遗传规律并加以描述。

然而，当时的人们无法理解孟德尔的工作，其重要性并没有得到广泛传播。直到他逝世之后的 1890 年，作为孟德尔理论的支持者，英国科学家**威廉·贝特森提出了“遗传学”**这一名词，并且得到了科学界的支持。从此，人类对于生物遗传特征的研究，以及新物种的培育有了系统解释。

电气时代

不用线路也能沟通——无线电通信

过去，我们必须通过线路，才能打电话、发电报。聪明的发明家们又开始思考：空气中的无线电波能不能代替线路，传输声音、文字、数据、图像等信息呢？

无线电通信就是不用导线，通过电磁波在空中传递信号。1894 年，意大利工程师马可尼做出了一个能接收电磁波的暴风雨警报器。闪电发生时会产生电磁波，警报器接收到就会响起。

1897 年 5 月 13 日，马可尼在多次改进无线电通信系统后，首次在**海上进行了无线电通信**，将一封电报传到了离发信地 6 公里远的小岛上。

不过这个成就并没有让马可尼满足。1901 年 12 月 12 日，马可尼在加拿大成功接收了一封**横跨大西洋的无线电报**，无线电的跨洋通信也成为可能。

无线电通信问世后，无线电广播、无线网络和移动互联网等技术相继出现，让人们的生活变得更加方便。

电气时代

动起来的照片——电影

当人眼看到一个画面时，它会**短暂地停留**在我们的意识中。当一个个画面被连续送到人的视线中时，我们的大脑就会将它组成一段连续的影像。这一现象激发了人们关于制作电影的思考。

1894 年，发明家爱迪生推出了**投币式窥镜电影放映机**。放映机每秒可以**连续放映 40 ～ 60 个静止画面**。顾客只要往机子里投入硬币，就可以独享这部电影了。

在放映机的基础上，法国电影摄影师卢米埃尔兄弟加入自己的想法，**制作出了活动电影机**。1895 年 3 月 22 日的巴黎法国科技大会上，他们为观众放映了一段 46 秒的无声黑白纪录片——《工厂的大门》。

同年12月28日，卢米埃尔兄弟首次在大银幕上公映了《火车进站》这部**自制短片**。于是，史学家将这天定为电影诞生的日子，并称兄弟二人为**“电影之父”**。

早期的电影大多是**无声的黑白纪录片**，但是也带给人们非常不一样的娱乐享受。随着电影技术的发展，电影已经可以为人们创造出想象中的世界了。

电气时代

一个伟大的发现——居里夫人发现镭

1867 年，曼娅·斯可罗多夫斯卡娅出生在波兰，她**从小就对科学实验充满了兴趣**，后来，她与法国物理学家皮埃尔·居里结婚，改名为玛丽·居里，人们都称她为居里夫人。

当时，法国的物理学家**贝克勒尔**在检查铀盐时发现了一种铀射线，这使居里夫人对铀盐产生了极大的兴趣。在皮埃尔的努力下，居里夫人终于获得了一间小小的实验室来研究铀盐。

> 铀盐：一种从沥青铀矿中提取出的黄色固体，含有铀元素和很多其他元素，可以从中提炼出铀。

经过研究，居里夫人注意到沥青铀盐这种矿物中的放射性大得惊人，最终，她和丈夫发现了一种**放射性特别强的新元素——镭**，但他们当时手头并没有镭的样品，所以无法确认镭是否存在。

于是，在 1898 年到 1902 年之间，居里夫妇经过几万次的提炼，终于从几十吨的矿石残渣里得到了 0.1 克镭盐，证明了镭这种元素的存在。

镭发出的射线能够破坏繁殖过快的细胞，对治疗癌症极为有利。镭的诞生使全世界都开始关注放射性元素，许多新的元素也得到了进一步的应用，科学界爆发了一场真正的革命。

电气时代

眼见才为实的科学——量子物理

根据原子理论的看法，万物都是由微小的粒子——原子构成。就连牛顿也曾断定“光”是由粒子组成的。为了证明这一点，1807年，英国物理学家**托马斯·杨设计了“双缝实验”**。

这个实验展示了光具有波的性质，一束光可以穿过两条缝隙，映照在缝隙后的纸板上。但是光又具有粒子特性，它映照的位置、形态都是不确定的。这种不确定的表现，就被科学家们称为“量子态”。只有观察者看到它时，其状态才能确定。

根据这一现象，1935 年，奥地利物理学家**薛定谔**提出了著名的实验——“薛定谔的猫”。

薛定谔的猫：把猫关在一个密室中，里面有一个放射性原子，如果原子核衰变（存在一定的概率）就会触发开关，释放毒气，猫就会当场毙命。

那么密室中的猫是死还是活呢？按照薛定谔的想法，只有到了观察者打开密室之时才能确认。猫既是死的，也是活的，它处于“**量子叠加**”状态。

“薛定谔的猫”对于当时信奉**因果必然性**的物理学界冲击非常大，爱因斯坦就发表反对意见说：“上帝不会掷骰子”。

之后，越来越多的物理学家投入研究，他们发现**微小的粒子确实具有很多不确定性**以及规律性。这门研究微小粒子的物理学被称为“量子物理学”。

电气时代

温度魔法师——空调

古时候，许多人因为熬不过夏天的高温而死去，只有少数富人才能在冬天存冰，夏天取冰，享受凉爽。随着科技的发展，人们越来越需要一个能调节温度的机器。

1902 年 7 月 17 日，美国发明家威利斯·开利设计出了第一台现代化空调，不过这台空调一开始只是为了调节印刷厂的温度和湿度。

有时，当你使用灌装的喷雾剂时，是不是会觉得喷口附近的温度降低了？这是因为当喷雾剂喷出时，被压缩的溶剂释放出来，当它们**汽化时会带走周围的热量**。空调的关键——压缩机的原理就是利用了这一现象。

汽化：物质由液态变成气态的过程。

我们常见的家用空调压缩机在室外，可以循环压缩制冷剂，**让制冷剂在不断压缩、释放的过程中成为热量的搬运工**，将室内的热量搬运到室外，起到降温的作用。而室内机的风扇，会把已经被带走热量的空气吹过来，于是我们就感受到了凉爽的空气。

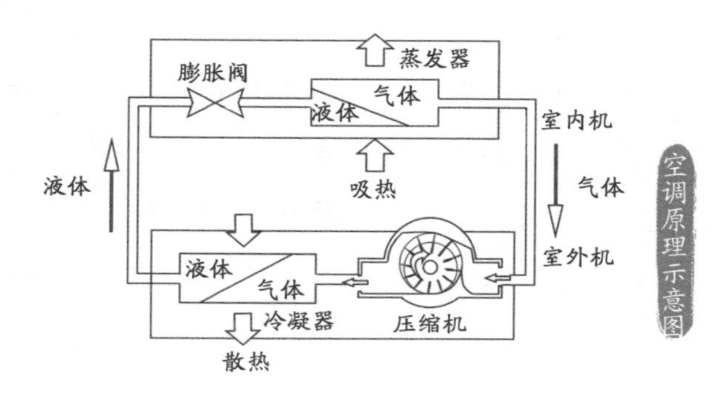

空调原理示意图

空调的发明使得人类可以调节温度，让我们能生活在冬暖夏凉的舒适环境中，再也不怕炎热的夏天了。

电气时代

人类有"翅膀"啦！——莱特兄弟发明飞机

早在很久以前，人类就**幻想着**能像老鹰一样翱翔蓝天，美国发明家莱特兄弟自然也有这个梦想。

1896 年，德国工程师李林达尔在进行滑翔实验时，不幸机毁人亡。这件事触动了莱特兄弟。为了能让人类飞上天，他们开始省吃俭用，**钻研各种最新理论**，还自学掌握了飞行的基本理论。

飞机前进时，机翼会将气流分成两股，一股从机翼下穿过，压强比较大，速度比较慢，另一股则正好相反。**两股本来一样的气流产生了压强差**，也正是这份压强差把飞机“托”上了天。

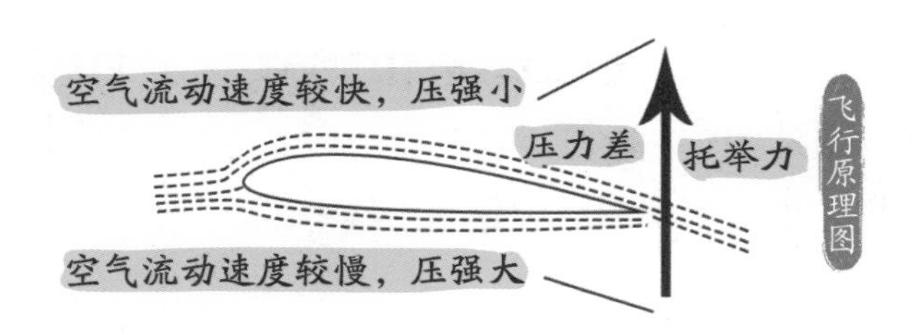

1903 年 12 月 17 日，莱特兄弟制作的“飞行者一号”进行了首次飞行。兄弟二人轮番上阵，亲自驾驶。在最后一次试飞时，**飞机向前飞行了约 260 米**。

后来，飞机作为运输工具，大大**减少了人们花在旅行途中的时间**。而纵横错杂的空中航线，也将各个国家联系了起来。

电气时代

生命的营养素——维生素

19 世纪 80 年代，东印度群岛上的居民们长期忍受着“脚气病”（并不是我们常见的真菌引起的脚气）的折磨。得了这种病的人身体酸软，在几天或几小时内就会死亡。那时的他们并不知道，导致疾病的原因是缺少维生素。

直到 1893 年，荷兰医生克里斯蒂安·艾克曼来到当地研究脚气病，他用患有脚气病的鸡来做实验。奇怪的是，来到实验室的病鸡不久竟然全好了。

艾克曼发现助手用**糙米喂鸡**，就猜想糙米中含有一种物质，可以治疗脚气病。可惜的是，艾克曼没能将这种物质提炼出来。

10 多年后，波兰化学家卡西米尔·冯克从**米糠中提取出了治疗脚气病的白色晶体**，他发现这种晶体是维持生命的基本营养素，因而命名为“Vitamine”，后改为“**Vitamin**”，也就是维生素。

拉丁文中，“Vita”是“生命”的意思。

越来越多的科学家醉心于维生素的研究，他们后来又发现了多种人体必需的维生素，并用英文字母来做区别，如维生素 A、维生素 B 等。**维生素能调节人体的新陈代谢**，使身体的各个部分有效运作并维持最佳状态。

电气时代

“海上霸王”——航空母舰

飞机起飞和降落都需要很大的空间，所以作战范围有限，但在海上，有一种巨型的军舰可以**让飞机随时随地起飞和降落**，扩大飞机的作战范围，它就是“海上霸王”——航空母舰。

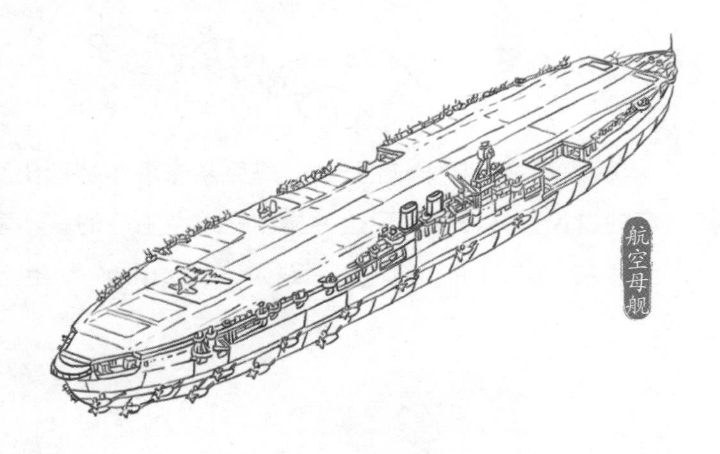

航空母舰

1910年底，美国飞行员尤金·伊利在美国“伯明翰”号巡洋舰上成功起飞，两个月后，伊利又驾驶飞机在加装了**木制滑行台和阻拦索的“宾夕法尼亚”号上成功着陆**。这两次实验向人们证明，只要对军舰进行一些改造，飞机就完全可以在军舰上起飞、降落并执行任务。

阻拦索：飞机着陆时，在甲板上用来拦住飞机，防止飞机速度太快直接冲进海里的装置。

1912 年，英国海军将一艘老旧的巡洋舰改装成了**世界上第一艘可以容纳飞机的船**，后来又征用了几艘渡轮，把它们都改装成了可以运载飞机的军舰，也就是航母的雏形。

在后来的战争中，英国军方将军舰上层的建筑全部移除，为飞机铺设了几十米长的甲板作为跑道，使战斗机也可以在甲板上起降，形成了最初的航母。

此后，许多国家都对航空母舰进行了深入的研究，它是目前世界上最庞大、最复杂、威力最强的武器之一，对保卫海上的权益有着不可替代的作用，也是一个国家综合国力的象征。

电气时代

让我们更了解地球——大陆漂移说

过去，人们认为大陆并不会移动。然而，1910 年的一天，德国地质学家魏格纳无意间看向地图时，突然**发现非洲和美洲的大陆边缘竟然能拼在一起**。为了证明自己的想法，他开始查阅资料。没想到，不同大陆上却有相同动物的化石，甚至现在还有同样种类的动物，这说明它们的祖先可能曾经生活在同一块大陆上。

1912 年，魏格纳正式提出了大陆漂移说。

约 2.55 亿年前，地球上只有一块大陆，其他地方都是海洋。

约 1 亿年前，大陆碎成了几块，在海洋上飘着飘着，渐渐就漂到了现在所在的地方。

魏格纳提出大陆漂移说，打破了传统思想，同时也为人们解开地球地质活动之谜提供了全新的思路。

电气时代

无敌的铁皮盒子——坦克

1915 年初，世界正笼罩在第一次世界大战的战火中，德国与英法联军是主要的交战国。双方为突破由战壕、铁丝网、机枪火力点组成的防御阵地，都迫切需要研制一种兼顾**火力**、**越野**、**防护**三种特点的新式武器。

一名英国记者偶然想道：如果将**拖拉机装上装甲**，再配上火炮或机枪，它不就无敌了吗？

时任海军大臣的丘吉尔（后来的英国首相）十分欣赏这个点子，觉得这简直是陆地的战舰，于是下令组建**“陆地战舰委员会”**，亲自领导“陆地战舰”的研制工作。他们于 1915 年 9 月制成样车进行了首次试验并获得成功，样车被称为**“小游民”**。

小游民：重约 18 吨，装甲厚度为 6 毫米，使得机枪无法击穿。作为进攻手段，小游民配有多把重机枪，可以有效地压制敌军火力。

随后，工程师们又根据作战需求，研制出了更厉害的车型**“大游民”**。为了保密，战车零部件的包装箱上，都写着“Tank”（意为“水柜”）的标签，“坦克”的叫法就是由此而来的。

英国人发明的**坦克影响深远**，在第二次世界大战期间，苏联和德国组建起大规模坦克军团，坦克成了不折不扣的“陆军之王”。

豹式坦克：第二次世界大战中，德国的主战坦克，性能优越。

电气时代

供不应求的优秀武器——勃朗宁自动步枪

第一次世界大战期间，美国作为英国和法国的盟友，派遣了大批军队支援欧洲战场。然而，美军踏上欧洲之后才发现手上的步枪十分落后，无法满足欧洲战场的需要。

为此，美军指挥部下令研发新式步枪。1917 年著名武器设计师勃朗宁设计了一种全自动射击步枪，它火力猛，射速快，很快被军方选中，优先迅速投产。

这种枪被命名为“勃朗宁自动步枪”，美军装备后，步兵的作战能力得到大幅提高。

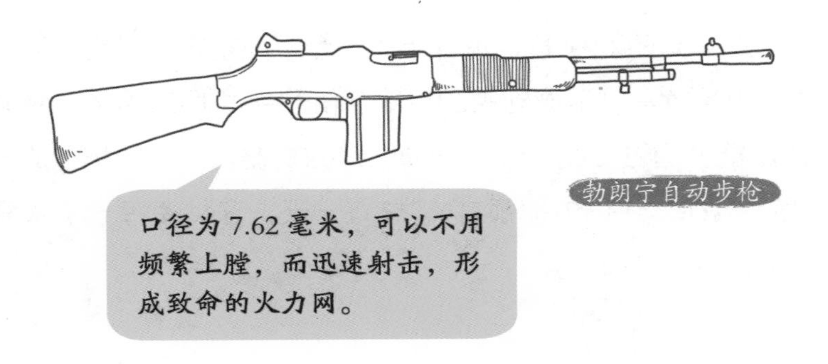

各国逐渐发现勃朗宁自动步枪的好处，纷纷向美国引进，并在其基础上做出改良。而勃朗宁的改进型常被当作机关枪使用，由此可见它性能的优秀。

电气时代

人们最爱看的方盒子——电视机

1926 年 1 月 27 日，世界上第一台“电视机”诞生。苏格兰发明家约翰·贝尔德向英国皇家学院科学家们**展示了一种新型的、能够通过无线电传递活动图像的机器**，贝尔德称他的发明为“电视”。贝尔德预言：“总有一天，它将使每一个家庭都变成一个小电影院。”

1939 年，美国人**发明了第一台黑白电视机**，这也是真正意义上的电视机。1954 年，美国 RCA 公司又发明了第一台彩色电视机，丰富有趣的电视节目和震撼的表现形式让电视机时代正式到来。

老式电视机的工作原理是**将图像分解为一个个的像素点**，对点的位置和颜色进行编码。这些编码信息传输到电视后，电视再通过电子枪发射电子束，按照编码信息为各个像素点投射不同颜色的彩色光线。众多的像素点就像拼图一样，在荧幕上拼出了画面。

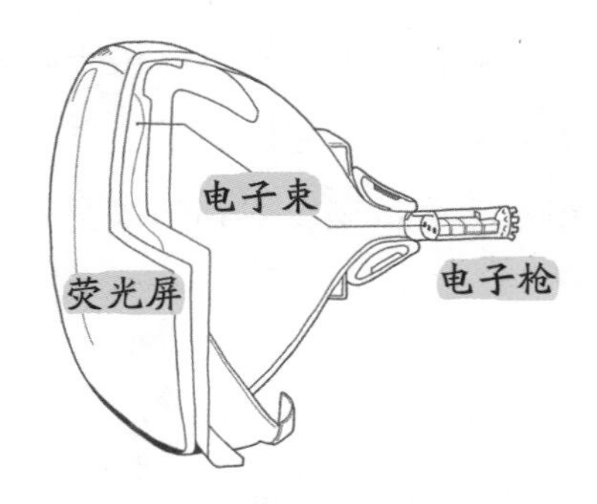

随着科技的发展，电视已经可以用更小更精确的**光源基板**来显示影像，让电视在画面提升的同时，体积也越来越小。

一飞冲天的载具——火箭

火箭研制者名叫罗伯特·戈达德博士，他年少时曾梦想能够制造一些可以升上太空的装置。1926 年 3 月 16 日，由他制造的人类史上的**第一枚火箭**，在美国马萨诸塞州奥本成功发射。尽管火箭只飞行了 2.5 秒，飞行高度约 12.5 米，飞行距离仅 56 米，但这确实是人类飞向太空的真正开端，具有划时代意义。

在之后的几十年里，火箭技术获得长足发展，出现了性能更加优越的运载火箭，可以通过火箭发动机产生的喷射动力，**按预定的速度和方向**将货物发射到外太空。

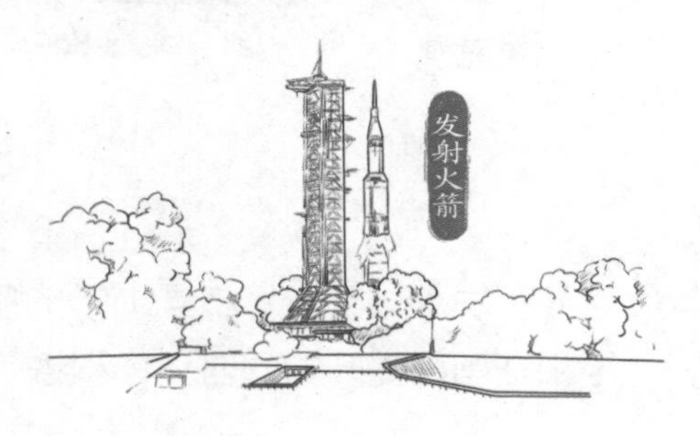

运载火箭大多为多级，每一级都装有发动机和燃料。采用接力的方式将顶端的卫星（或飞船）送入太空。**火箭的形状可以减少空气阻力**，随着燃料的消耗，为了减小火箭自身的重量，多级火箭会抛下用完的发动机。

火箭都是大块头，很多火箭的高度都超过50米。

火箭能够飞上太空，依靠的是燃烧性能优越的燃料，早期火箭的**燃料主要由液态氧和煤油组成**。今天，人们又发现了其他燃烧性能更高的物质，比如液态氢、甲烷（wán）、酒精、铝等。火箭的性能也越来越优越。

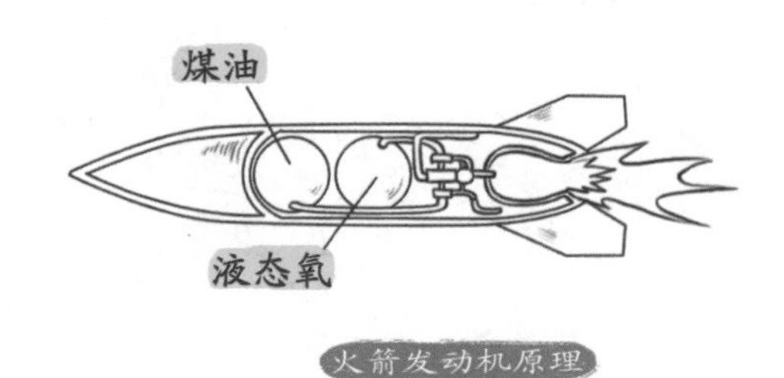

火箭发动机原理

电气时代

控制不住的反应——条件反射

1927 年，俄国生物学家巴甫洛夫在研究狗的消化道时，偶然注意到狗听到开饭的信号，就会分泌唾沫，这一现象引起了巴甫洛夫极大的兴趣。

于是，巴甫洛夫做了一个相当著名的实验：他在每次给狗喂食前都先摇晃铃铛。连续了几次之后，他试了一次摇铃但不喂食，发现狗虽然没有东西可以吃，却照样流口水。

他从这一点推测，狗积累了几次经验后，将“铃声”视作“进食”的信号，因此引发了“进食”会产生的流口水现象。他将这种现象命名为条件反射，证明动物的行为是将环境的刺激化为信号，再传到神经和大脑，由神经和大脑作出反应而来的。条件反射作为生物学重要理论，对医学、心理学，甚至是社会人文学科都产生了巨大影响。

遥控的秘密武器——无人机

1914 年，第一次世界大战正进行得如火如荼（tú），英国的**两位将军**提出了一项建议：研制一种不用人驾驶，而用无线电操纵的小型飞机，使它能够飞到敌方某一目标区上空，将事先装在小飞机上的炸弹扔下去。

这种大胆的设想立即得到英国政府的支持。于是，研制小组经过多次试验，首先研制出**一台无线电遥控装置**。

最早的无人机

之后，飞机设计师**杰弗里**设计出一架小型飞机，把无线电遥控装置安装到这架小飞机上，世界上最早的无人机就此诞生了，但是这架无人机还没有飞多久，就坠落了。

又经过了 10 年，研制小组终于取得成功。1927 年，**“喉”式单翼无人机**在英国海军“堡垒”号军舰上成功地进行了试飞。

该机载有 113 公斤炸弹，以每小时 322 公里的速度成功飞行了 480 公里。“喉”式无人机的问世在当时的世界上曾**引起极大的轰动**，成为世界最前沿的技术之一。

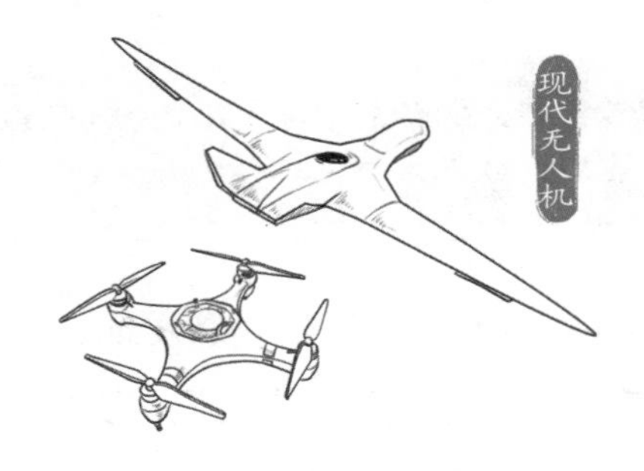

到了今天，**无人机依然是非常方便的工具**，不但在军事方面得到重用，人们也开始用它拍摄影片，运输货物。

细菌杀手——青霉素

细菌是一种十分微小的生物，它能悄悄入侵到其他生物的体内，导致生物生病，甚至死亡。历史上赫赫有名的“黑死病”事件便是由鼠疫杆菌造成的。于是人们都想找到一种可以有效杀死细菌的药物。

黑死病曾经在欧洲肆虐 300 多年，约有 2500 万欧洲人死亡，占当时欧洲人口近三分之一。

1928 年细菌学教授弗莱明偶然发现：培养细菌的培养皿中混入了青霉菌（常见于腐烂的果蔬、衣物上），而青霉菌分泌的一种物质将其他细菌杀死了。

他将这种物质命名为青霉素，兴奋不已。然而从青霉菌提炼青霉素的过程非常困难，此后近 10 年里，弗莱明的研究都无人问津。

1938 年，牛津大学研究团队成功提炼出了青霉素。后来在多个实验室共同研发以及政府和药品企业的努力配合下，终于实现了青霉素的商品化。

青霉素的出现**挽救了许多病人的生命**，虽然后来科学家又发现了很多种有类似作用的抗生素，不过，至今它依然是我们最常使用的药物之一。

电气时代

宇宙诞生的秘密——宇宙大爆炸

1929 年，美国天文学家哈勃总结出了一个具有里程碑意义的发现：不管你往哪个方向看，远处的星系正急速地远离我们而去。换言之，**宇宙正在不断膨胀**。

其实，关于宇宙扩张，很早之前就有人提出过相应的猜想，这就是**宇宙大爆炸理论**。科学家猜想，距今大约 140 亿年前，世界上什么都没有，甚至没有时间和空间。

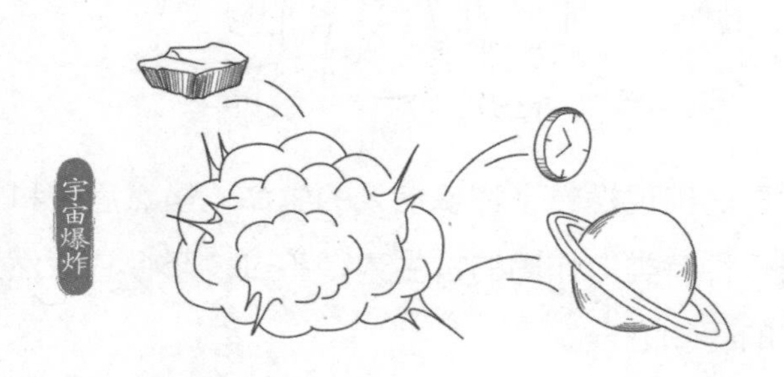

某一时刻，发生了一种类似爆炸的现象，**时间从此时开始，空间也从这一时刻诞生**。在大爆炸经过初期阶段后，大爆炸释放出的粒子组成了各种物质，我们的世界开始诞生。

在大爆炸经过初期阶段后，**宇宙便不断地扩张**。但是在宇宙中的各种天体并不会随它一起变大，而是**逐渐变得越来越远**。就像烤面包时面包上的葡萄干，面包越烤越大，但是葡萄干并不会变大，只是每个葡萄干之间的距离变大了。

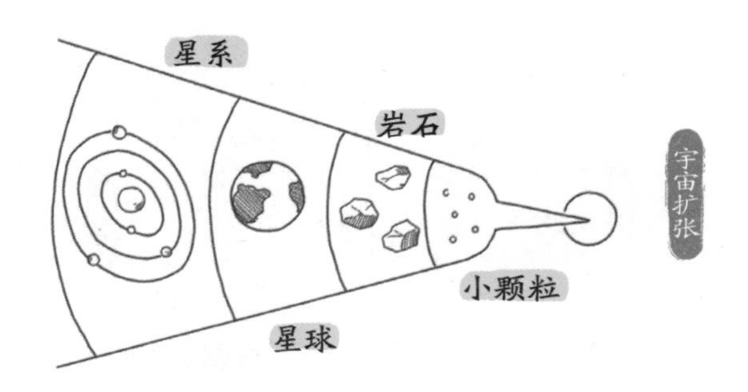

“大爆炸宇宙论”最开始是由**比利时科学家勒（lè）梅特**提出的，后来被**美国科学家伽（jiā）莫夫**正式整理发表。直到哈勃通过坚持不懈的研究，才证明了这一观点。这是人类探索宇宙诞生之谜的重要一步。

电气时代

科学造就的千里眼——雷达

早在 1842 年，奥地利科学家克里斯琴·约翰·多普勒就发现并提出了**多普勒效应**，即辐射的波长会因发源地与观测者之间的距离产生变化。例如，你听到一辆火车鸣着汽笛靠近你，汽笛的声音会变得越来越尖细，就是因为声波发生了变化。

这一发现让人们开始研究，是不是可以利用不同的波，来测定物体的距离或发现物体。最早在一战期间，英国就开始研究一种能**探测空中金属物体的技术**，用来搜寻德国飞机。不过当时，人们想出的办法还是依靠听觉，利用声波去发现飞机。于是诞生了很多稀奇古怪的“顺风耳”。

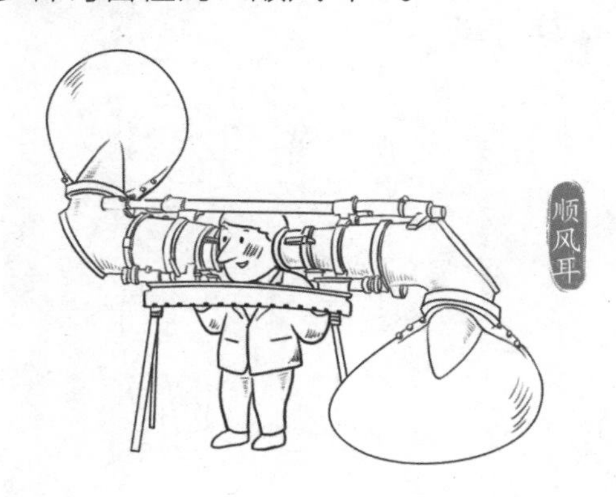

直到第二次世界大战中的 1935 年，英国人**罗伯特·沃特森·瓦特才研制出第一台真正意义上的雷达**，并在第二年将它架设在海岸边。这种雷达基站可以发射无线电波，凭借反射回电波数据来探测飞机。

早期雷达体积很大，只能安装到基地上被动侦查。后来英国花了很大力气，终于**把雷达装在飞机上**。这使得英国空军比德国空军获取到更多的信息，在战斗中占尽便宜。

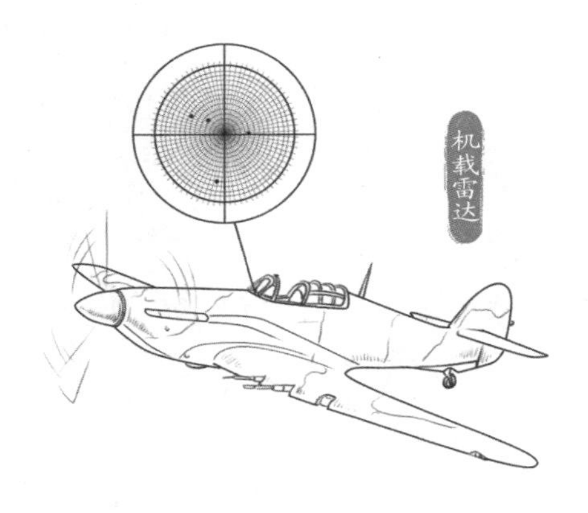

现在，随着科技的发展，雷达已经有很多种种类，它们在**军事、科研、勘探**等方方面面都发挥着巨大的作用。

电气时代

令人生畏的恐怖武器——原子弹

第二次世界大战期间，由于纳粹德国对犹太人的迫害，许多犹太科学家逃到美国避难。1939 年，逃到美国的**犹太科学家利奥·西拉德**建议美国政府先行研制原子弹，得到了爱因斯坦的支持。

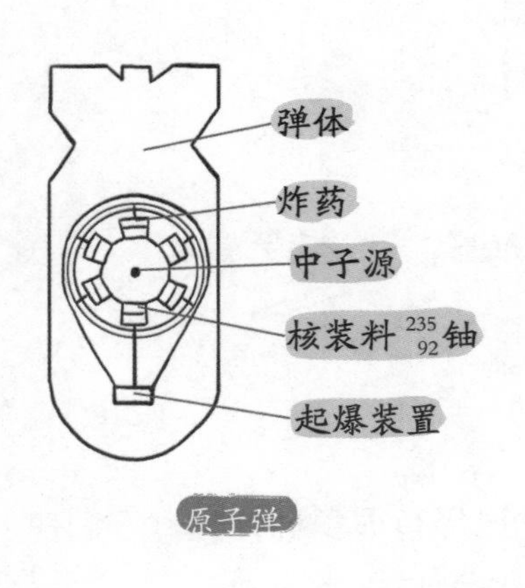

原子弹

原子弹是让铀、钚等重元素的原子核受中子轰击裂变成几个碎片，并放出能量和两到三个中子。这些中子会再轰击其他铀或钚的原子核，能够引起连锁反应，**产生巨大的能量**。原子弹引爆的时候，会通过炸药爆炸把中子快速打入铀、钚等**重元素**的原子核，引发这种威力巨大的反应。

重元素主要指原子序数较高，相对原子质量较大的元素。

1939 年 8 月 2 日，在爱因斯坦与其他几名科学家的说服下，美国总统罗斯福正式签署了研制原子弹的计划，该计划被称为“曼哈顿计划”。

1942 年，原子弹的实验室在美国西南部的沙漠上建立了起来。直到 1945 年 7 月初，美国终于研制出原子弹，爆炸实验极其成功。1945 年 8 月，美国轰炸机分别在日本广岛与长崎两座城市投掷原子弹，造成数十万日本人伤亡。日本天皇当即宣布日本战败，第二次世界大战结束。

飞行的毁灭工具——导弹

第二次世界大战时期，先进的技术往往被优先应用在军事上。在火箭诞生之后，人们就想到应用火箭的技术来研发导弹。

长：7.6 米
重：2.2 吨
射程：370 千米
飞行速度：每小时 550~600 千米

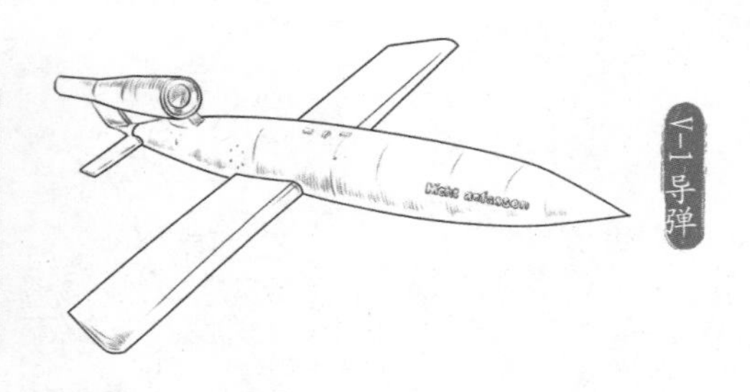

世界上最早的导弹是 1944 年德国研制的 V-1 导弹，因为它的外形像一架无人驾驶飞机，所以又称飞机型飞弹。

早期的导弹没有导航系统，基本的原理就是让它们飞上高空再砸向目标，所以是否能击中目标常常要看运气。第二次世界大战期间，德国使用大量的 V-1 导弹袭击英国，先后共发射了 1 万多枚，其中有一半都没有击中目标。而**现代导弹则装备了先进的定位导航系统**，例如美国的战斧巡航导弹，它的爆炸误差不超过 10 米。

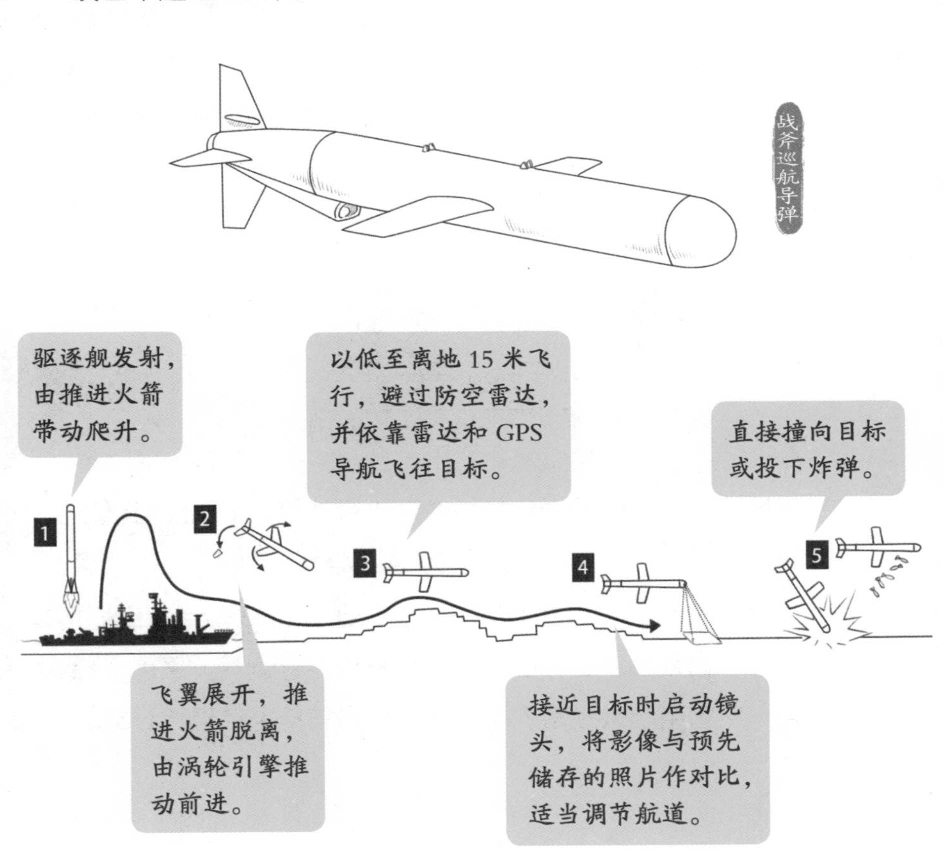

电气时代

超强的数据处理工具——计算机

计算机的英文原词是“computer”，其实它的本意是指从事数据计算的人。1623 年德国科学家契克卡德研制出了欧洲第一部计算设备，这是一个能进行六位数以内加减法，并能通过铃声输出答案的“计算钟”。使用转动的齿轮来进行操作。

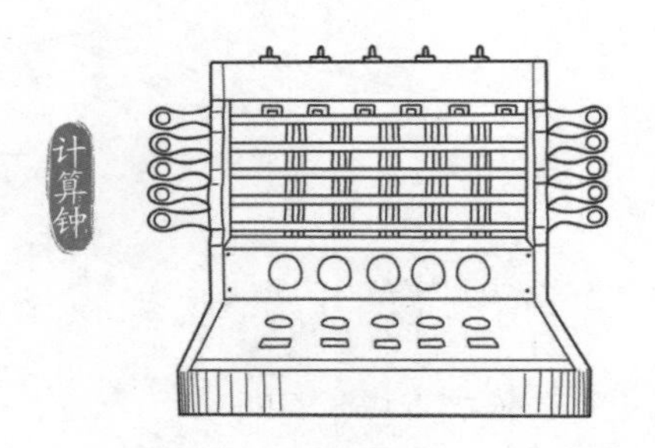

早期的计算器都是通过机械原理进行计算，能力十分低下。1935 年，美国科学家阿塔纳索夫开始探索运用数字电子技术，制作计算工具。经过反复研究试验，终于在 1939 年造出来了一台样机。这台计算机可以通过电路系统进行运算，采用了二进制。虽然它用起来经常发生故障，但是它奠定了现代计算机的基础。

后来在 1946 年，美国军方出资在宾夕法尼亚大学研制出了一台巨大的电子计算机——ENIAC，它足足有一间房间那么大，消耗巨大的电能才可以工作。它每秒可以进行约 5000 次加法运算，被大多数人认可为第一台现代电子计算机。

二进制：满二进一的计数制度。因为计算机只能识别高电平、低电平两种信号，所以我们采用了 1 和 0 来表示两个信号。

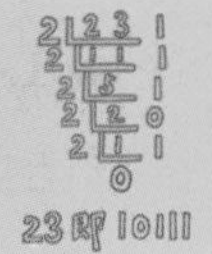

电气时代

电路里的“魔术师”——晶体管

早期的计算机的电路，都是用电子管连接，但电子管体积大又不耐用，有不少缺点。科学家们就开始寻求一种更稳定、寿命更长的替代品，不久，神奇的晶体管就被发明出来了。

晶体管的工作原理：晶体管可以改变输入端到输出端的电压，从而增强输出端的信号功率。举个简单的例子，利用晶体管连接后，从麦克风讲话的声音，会呈现数十倍的声量从喇叭发出。

1947 年 12 月，美国科学家肖克利、巴丁、布拉顿三人研制出了**世界上第一款晶体管**，它可以把接收到的微小信号放大 100 倍，而它的大小比火柴棍还短，堪称电路里的“魔术师”。

不过，肖克利、巴丁、布拉顿三人并不满足，他们又提出了**“整流结构”**，也就是在一块整体基座上镶入晶体管，可以提高工作效率。

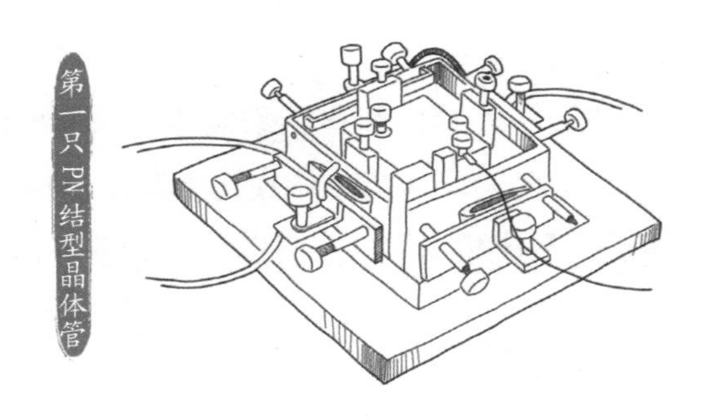

第一只PN结型晶体管

根据这一设想，1950 年，他们发明了第一只“PN 结型晶体管”问世了，它的性能与最初设想的完全一致。1956 年，肖克利、巴丁、布拉顿凭借着“PN 结型晶体管”同时**荣获诺贝尔物理学奖**。

PN 结型晶体管是 **20 世纪最伟大的发明之一**，它象征着微电子科学的诞生。有了它，我们使用的电子设备才变得越来越小，让原来像房间一样大的计算机也能被人们拿在手中。

电气时代

超越原子弹百倍的武器——氢弹

1950 年 1 月，美国的犹太裔科学家爱德华·泰勒尝试着利用原子弹爆炸时产生的高温，使氘(dāo)元素发生核融合反应，从而产生 500 倍于“小男孩”（广岛爆炸的原子弹）的威力。

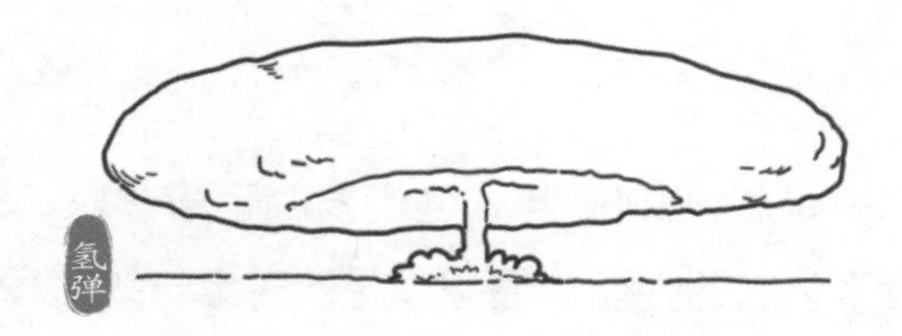

1951 年 5 月，美国的爆炸试验成功，如之前预期的一样，其威力大大超过了原子弹。人们将这种炸弹命名为氢弹。随后，在美国帮助下，英国与法国也分别进行了氢弹实验。

我们把不同中子数的相同元素的核素叫作同位素，因为氘是氢的同位素，所以这种炸弹被命名为氢弹。

1953 年 8 月，苏联也宣布氢弹试验成功。实验证明**苏联的氢弹技术更加先进**，其制作成本低、体积小、重量轻、便于运载。所以，普遍认为苏联是第一个成功把氢弹实用化的国家。

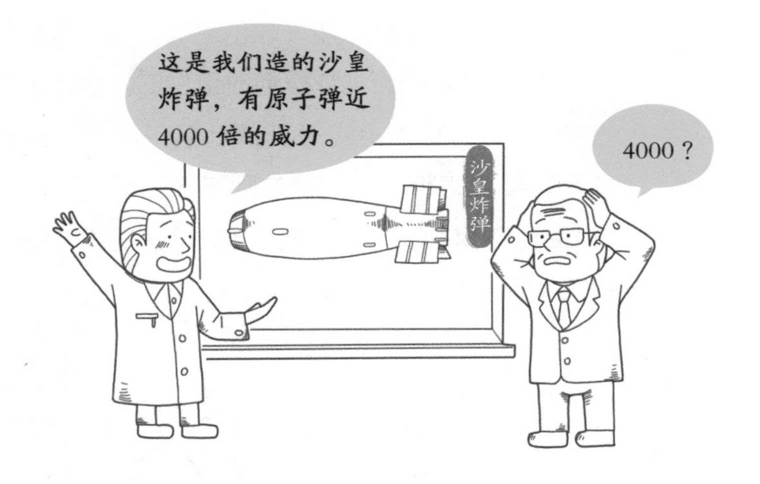

1961 年，苏联科学家成功试爆了有史以来**破坏力最大的核武器**—— **沙皇炸弹**。这枚氢弹的爆炸威力超过“小男孩”近 4000 倍。

由于威力太过巨大，氢弹这种恐怖的武器自诞生之日起就被列为各国的**最高军事机密**。后来经联合国协商，世界上仅有中国、美国、俄罗斯、英国、法国可以合法拥有氢弹技术。

电气时代

探索地球的秘密——地球的年龄

地球的年龄指的是**地球从形成一颗稳定的行星到现在的时间**。从古代起，人们就很好奇地球是何时诞生的，因此都做了大量假设：中国古人曾推测盘古开天辟地至于周朝，经过了326万7000年；英国的神学家乌舍尔则按《圣经》的记载推算出，地球是上帝在6000年前创造。当然，这些说法在今天的我们看来都是错误的。

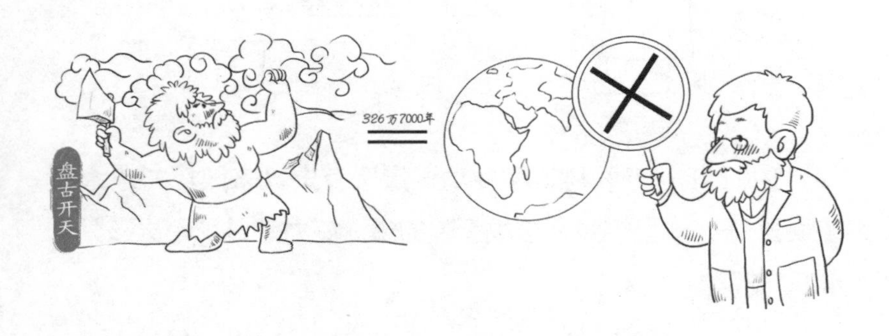

同位素法：地球不同年代的中子的放射性不同，通过观察物质中的中子，可以追踪物质的年代。

1953 年地球化学家**克莱尔·彼得森利用同位素法最早测定了地球的年龄约为 45.5 亿年**。根据这种办法，科学家找到的最古老的岩石，有 35 亿岁。然而，婴儿时代的地球是一个炽热的熔融球体，最古老岩石是地球冷却下来形成坚硬的地壳后保存下来的，它不能代表地球最初的历史。

20 世纪 60 年代末，科学家测定取自**月球表面的岩石标本**，发现月球的年龄在 44 至 46 亿年之间。根据目前最流行的猜想，太阳系的天体是在差不多时间内凝结而成的，人们便认为地球也是在 46 亿年前形成的。不过，这些终究只是推测，地球年龄的确切证据，只能等未来的科学家去发现了。

电气时代

新时代的理想能源——核电站

虽然为了获得战争的胜利，人们将核能应用在了研发核武器上，但是众多的科学家还是希望将**核能应用在和平的能源领域**。1948 年 9 月 3 日，第一座实验性核反应堆在美国建成。1954 年 6 月 27 日，苏联建成并运营了世界上第一个为电网发电的核电厂（奥布宁斯克核电厂）。这标志着人类进入了核能时代。

奥布宁斯克核电厂：世界上一座为电网发电的核电站。

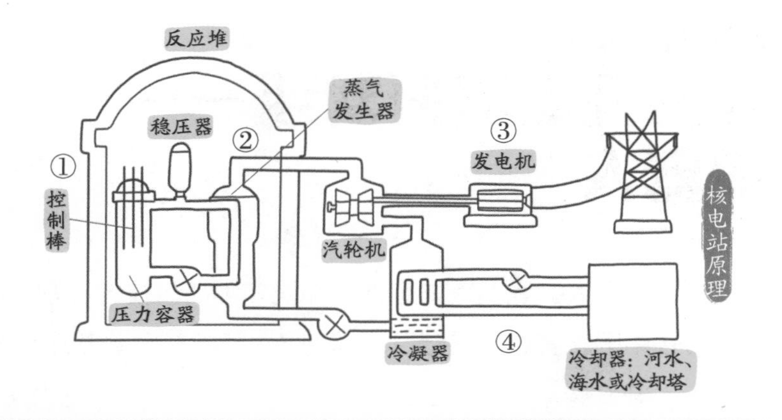

①反应堆中的核反应可以释放大量的热能，这个反应的剧烈程度可以靠控制棒调节。
②从冷凝器送来的水被反应堆产生的热量加热成水蒸气。
③水蒸气推动汽轮机转动，汽轮机连接着发电机，把转动的机械能变成电能输送到千家万户。
④水蒸气在冷凝器中再次变为水，重新进行发电的循环。

核电厂属于高效率的能源建设，几乎不排放废气，是**理想的能源供应方式**。在安全措施完善的情况下，核电厂其实是相当安全的设施。然而，核电自应用以来，因为设计上的种种问题，也带来了一些巨大的灾难。例如苏联的切尔诺贝利核电站事故，它造成的环境破坏需要上百年的时间来恢复。

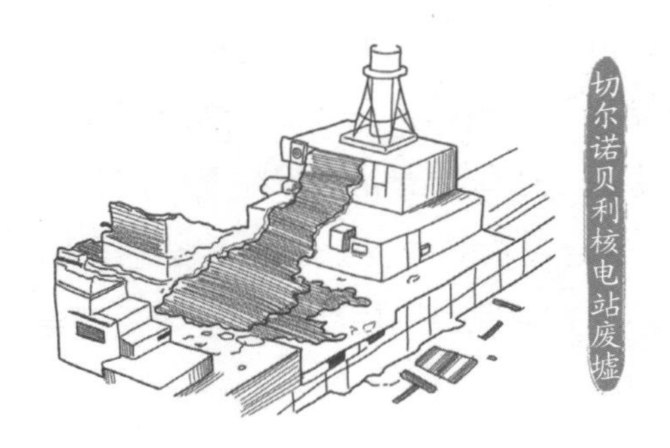

电气时代

任劳任怨的好帮手——机器人

提起机器人，我们首先想到的都是非常高科技的产物。其实在古代中国就有类似的记录。**《列子·汤问》**记载着这么一个故事，2900多年前，巧匠偃师为周穆王制作了一个**“能唱歌、跳舞，像真人一样”**的人偶。不过，严格意义上这不能算是机器人，或者说和我们目前所接触的机器人是不一样的。

第一个现代机器人是由**乔治·德沃尔**于1954年发明的，这个**名叫“Unimate”的机器人**只有一个长长的机械臂，以及一个大大的控制箱。1961年，Unimate在通用汽车公司安装运行，用于生产汽车。这台机器的主要工作是将装配线上的零件焊接到汽车上。这对工人来说是一项危险的任务，如果他们不小心的话，可能会因吸入有毒气体中毒或受伤。

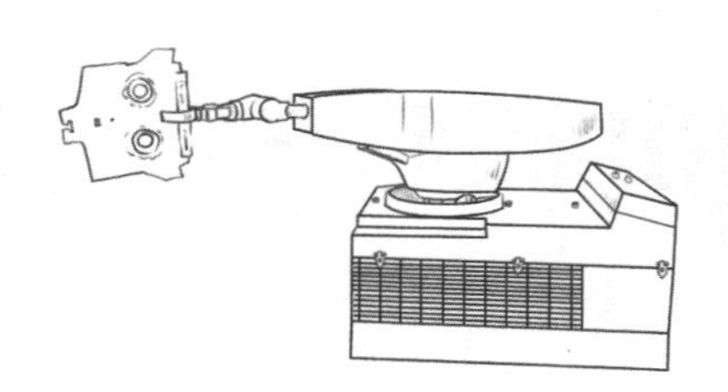

从第一台机器人 Unimate 诞生至今，机器人的发展一直没有停步。如今，在各行各业都出现了机器人的身影。

ASIMO：日本本田公司的概念机器人，拥有灵活的肢体。

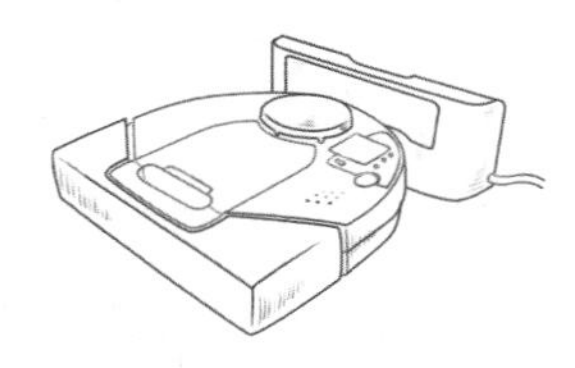

清扫机器人：我们日常生活中最常见的机器人。

随着科技发展，机器人也变得越来越智能，越来越像人，这让人们产生了很多担忧。著名的小说家艾萨克·阿西莫夫在小说《我，机器人》中提出的**三条“定律”**，程式上规定所有机器人必须遵守。在现实生活中，“三定律”也成了一种解决机器人伦理问题的基础之一。

第一法则：机器人不得伤害人类，且确保人类不受伤害；
第二法则：在不违背第一法则的前提下，机器人必须服从人类的命令；
第三法则：在不违背第一及第二法则的前提下，机器人必须保护自己。

电气时代

太空中的小助手——人造卫星

人造卫星是人类建造的**太空设备**之一，它以火箭为载体，发射到行星轨道，像天然卫星（月球）一样环绕地球运行。

行星轨道：根据万有引力定律，行星会对卫星产生一个吸附力，而卫星环绕天体运动会产生一个离心力，当两个力平衡的时候，卫星就会在一个固定轨道运动。

斯普特尼克 1 号是**第一颗进入行星轨道**的人造卫星，它是**苏联于 1957 年 10 月 4 日在拜科努尔航天中心发射升空的**。由于这时正值冷战时期，各大强国都将卫星视为一个主要竞争点。斯普特尼克 1 号毫无先兆而成功地发射，震撼了整个世界。

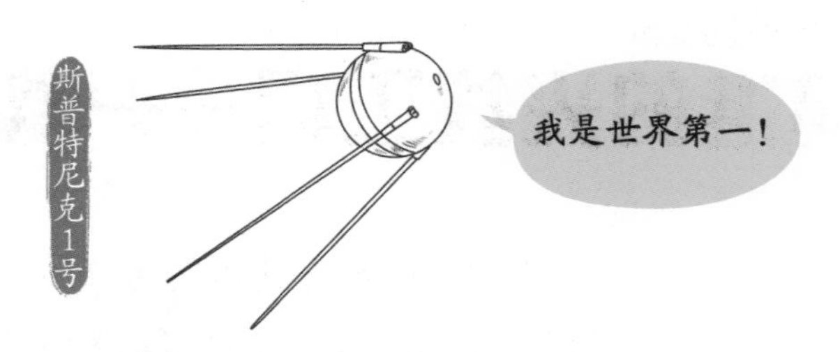

为什么人造卫星会如此重要呢？那是因为人造卫星是名副其实的“**千里眼，顺风耳**”，它绕着地球运行，负责**通信传播、观测天气、观察地球表面**等任务。同时它的通信信号覆盖面非常大，只要三个通信卫星就能涵盖地球上大部分的地域。

卫星的应用为我们带来了**更加便利**的生活，即使看不到卫星，我们的生活也早已离不开它们。

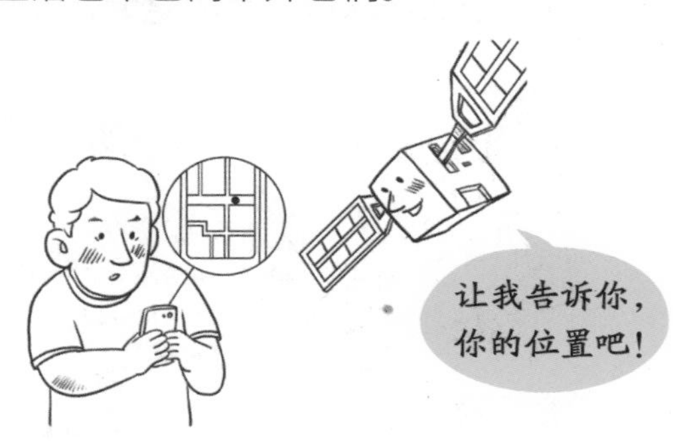

电气时代

精准的光线工具——激光器

激光的原理早在 1916 年已被物理学家爱因斯坦提出。到了 1960 年 5 月 16 日，美国**科学家梅曼利用红宝石**做出了第一个激光发射器。

当红宝石受到特定光线照射时，就会发出一种红光。在一块表面镀上反光镜的红宝石上钻一个孔，使红光可以从这个孔溢出，就可以得到**一条相当集中的纤细红色光柱**，它被称为红宝石激光，这是人类有史以来获得的第一束激光。当它射向某一点时，可使其达到**比太阳表面还高的温度**。

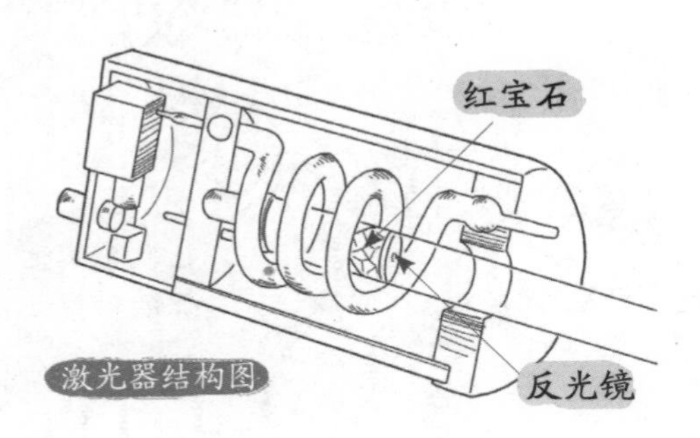

激光器结构图

激光有三大特点：第一是**亮度极高**，比太阳的光亮度高 100 亿倍；第二是**方向性好**，激光直射能射很远；第三是**单色性好**，因为激光几乎都是一种颜色。

根据激光的特点，人类发明了“激光器”可以轻而易举地**切割**几厘米厚的钢板；能把陶瓷和金属**焊接**在一起；能在一块茶杯口大小的面积上，钻出上万个比头发丝还细的小眼。激光的应用十分广泛，是名副其实的伟大发明。

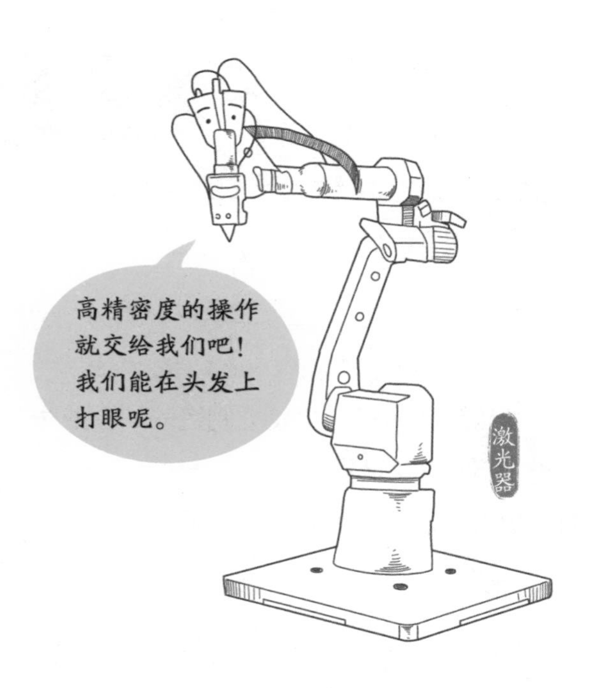

电气时代

不用靠岸的海上要塞——核动力航母

核动力航母顾名思义，就是利用核能推动前行的航母，核动力航母更灵活，可以长时间航行，相较于普通航母具有很大的优势。依靠核动力航空母舰，一个国家可以在远离其国土的地方，不依靠当地机场让战斗机加入作战。

世界上第一艘核动力航母是由美国制造的“企业号”。企业号航空母舰于 1958 年开始建造，在 1960 年下水，在 2012 年退役。企业号更换一次核燃料可连续航行 10 年，最大载机量 85 架。

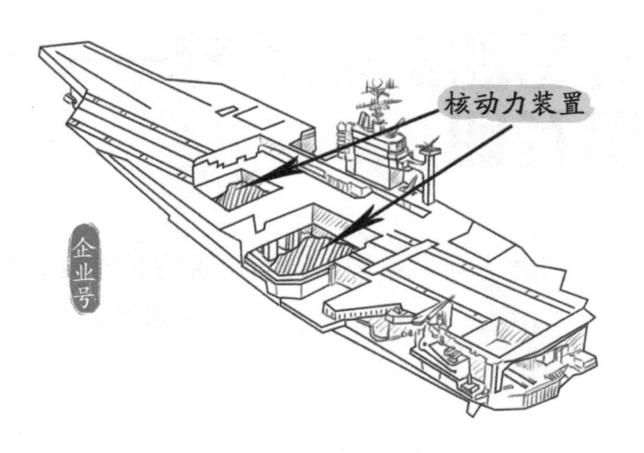

在企业号之后，美国还开发了**第二代核动力航母——尼米兹级**，以及**第三代核动力航母——福特级**。核动力航母是一个国家军事和科技实力的重要象征。它们出没于世界各地，扮演外交施压、武力威慑的重要角色。

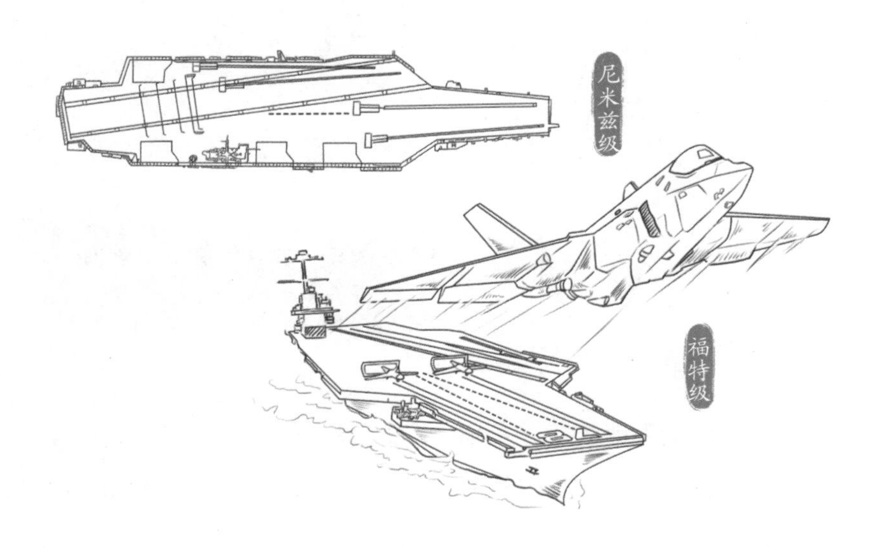

电气时代

承载梦想的航天器——宇宙飞船

宇宙飞船是一种**载人航天器**。宇宙飞船通常由火箭搭载进入太空，之后再由返回舱载着宇航员回到地球。

人类成功发射的第一艘载人飞船是由苏联在 1961 年 4 月 12 日发射升空的**东方一号**，而它搭载的宇航员加加林也成为人类史上的第一位宇航员。

宇宙飞船由返回舱、轨道舱、服务舱、对接舱和应急救生舱等部分组成。苏联在 50 多年前制造的联盟号飞船就是这样的结构，我们来一起看看它的样子吧。

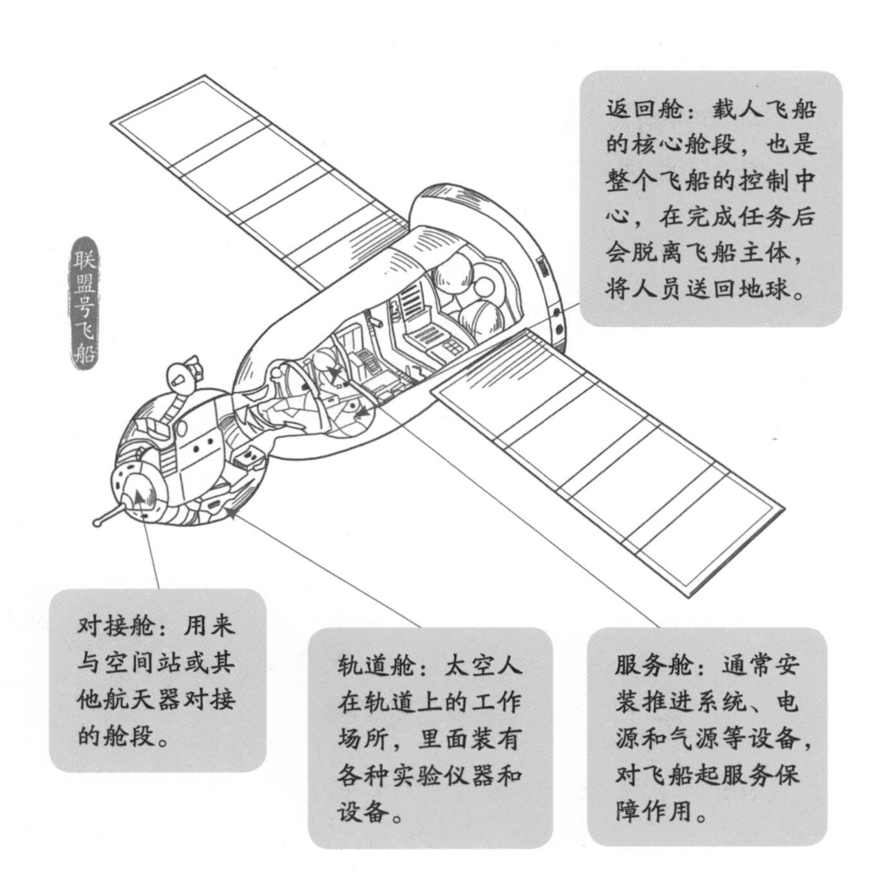

联盟号飞船：苏联设计并制造的太空飞船，至今仍在执行任务。

人类缔造的奇迹——阿波罗 11 号登月

月亮是离地球最近的自然天体，也是地球唯一的天然卫星。从远古时期开始人类就幻想可以**登上月球**一探究竟，这个愿望在 1969 年率先被美国宇航员实现了。

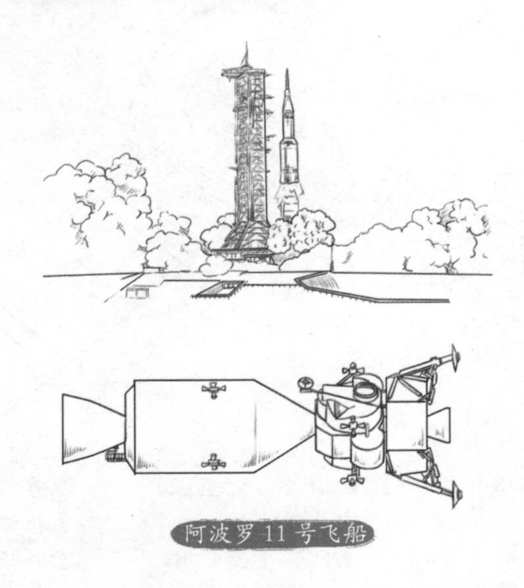

阿波罗 11 号飞船

1969 年 7 月 16 日，装载着阿波罗 11 号宇宙飞船的**土星五号火箭在肯尼迪航天中心发射升空**，12 分钟后进入地球轨道。环绕地球一圈半后，服务舱从土星 5 号上分离，在转向后与提前在太空中待命的登月舱连接，前往月球。阿波罗 11 号于 7 月 19 日进入月球轨道，登月舱成功在月球着陆。

整个登月过程经电视台直播到全世界，超过 6 亿观众同时观看了此次直播。**宇航员阿姆斯特朗从登月舱中走出，踏上月球表面**之时，向全世界宣布："这是我个人的一小步，却是人类的一大步。"

这次登月堪称**人类历史上的奇迹**，因为在此之前，人类到过的最远距离也仅仅是脱离地球表面一点点。并且，当时科学技术十分有限，现在人们日常使用的手机，都要比阿波罗 11 号上的电脑先进几千倍。

电气时代大事记

第一次工业革命发展的 100 多年后，人类社会的发展又有一次重大飞跃，人们把这次变革叫作“第二次工业革命”。今天所使用的电灯、电话都是在这次变革中被发明出来的，人类由此进入“电气时代”。 电气时代到来，一方面让各国在经济、文化、政治、军事等各个方面发展不平衡，帝国主义国家争夺市场和世界霸权的斗争更加激烈，分别引发了第一次世界大战和第二次世界大战。但是另一方面，科技的发展拉近了各国的距离，世界逐渐成为一个整体，新的世界秩序组织——联合国诞生。

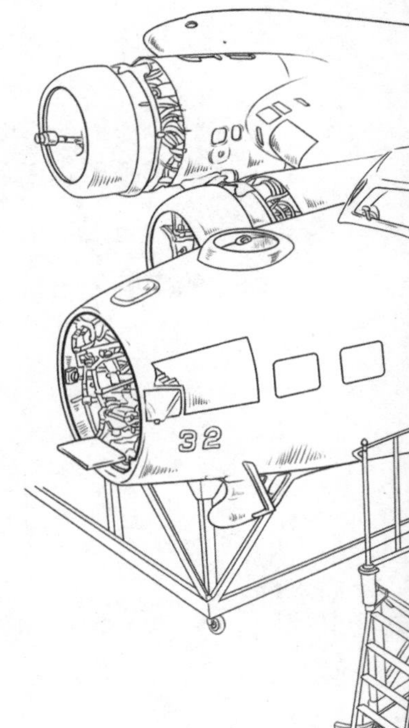

1871	德意志帝国成立
1871	巴黎公社运动
1882	德国、奥地利、意大利缔结三国同盟
1886	芝加哥工人运动
1894	中日甲午战争
1898	戊戌变法
1900	八国联军侵华
1900	美国工业总产值跃居世界第一
1904	日俄战争爆发
1911	辛亥革命
1914	第一次世界大战爆发
1917	十月革命爆发
1919	五四运动
1921	凯末尔改革
1921	中国共产党成立
1924	斯大林上台，开始推行计划经济
1927	南昌起义
1931	“九一八”事件
1937	卢沟桥事变、淞沪会战、南京大屠杀
1937	苏联的工业生产总值跃居欧洲第一，世界第二
1939	诺门坎战役
1940	百团大战
1943	中、美、英三盟国发表开罗宣言
1945	抗日战争结束
1945	联合国成立
1947	冷战爆发
1949	新中国成立
1950	朝鲜战争
1950	印度独立
1955	万隆会议
1955	华沙条约组织
1955	越南战争
1959	古巴革命
1960	非洲有 17 个国家独立
1967	欧洲共同体成立

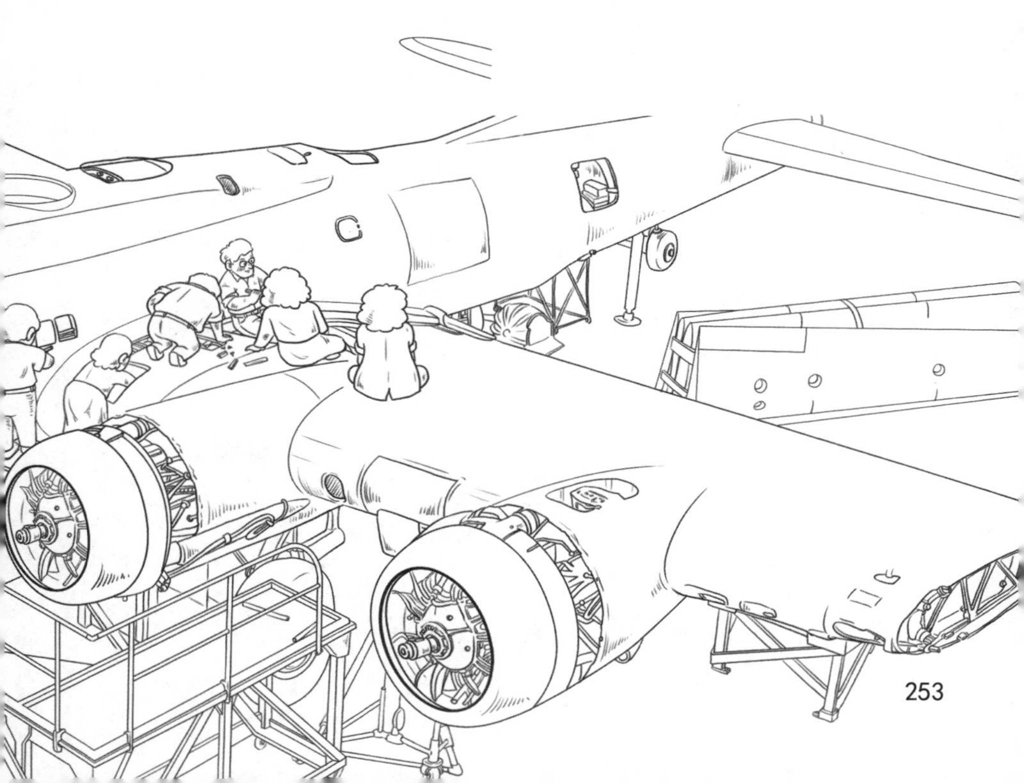

信息时代

扫扫快登记——条形码

当我们购买商品的时候，往往会在商品的标签或者包装上发现一条条竖立的黑线。这叫作“条形码”。售货员们用扫码器轻轻一扫，就能知道商品的价格、名称、规格。

可以试想一下，如果没有条形码，售货员需要一个一个记录下卖出的商品，那将是一件多么麻烦的事情。

那么，条形码是如何诞生的呢？ 1970 年，计算机和激光技术蓬勃发展，发明家西尔弗和伍德兰两人想到，用数字化技术和图形结合的方法来创造一种方便记录的图案。于是设计出了条形码和扫码器。

因为这项技术价格便宜，又能大大节约人们结算和记账的时间。到了 1991 年，几乎所有商店的所有商品都标有条形码。全世界几乎所有人都受惠于条形码技术，因此也有人把现代工业称之为“**条码工业**”。

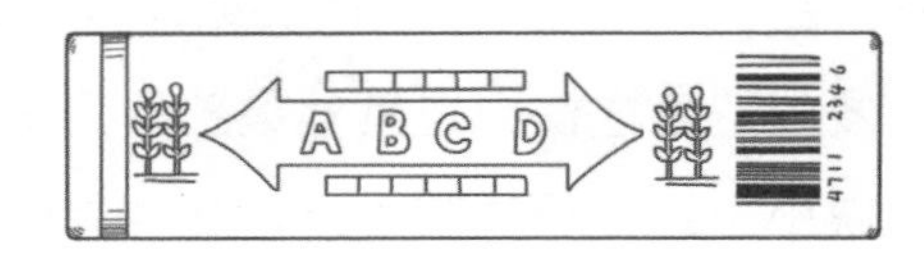

1974 年，箭牌口香糖成为世界上第一款打上条形码的商品。

条形码的原理：条码是由一组按一定编码规则排列的条、空符号，用以表示一定的信息。条码系统是由条码符号设计、制作及扫描阅读组成的自动识别系统。

信息时代

现代科技的大脑——微处理器

自从晶体管出现以来，各种电子产品开始向小型化飞速发展。作为科技产品的“大脑”——**中央处理器（CPU）经历数次技术革命**，发展速度之快更是其他零部件无法比拟的。CPU可以集成在一块小小的半导体芯片上，这种具有**中央处理器功能的大规模集成电路器件**，被统称为“微处理器”。

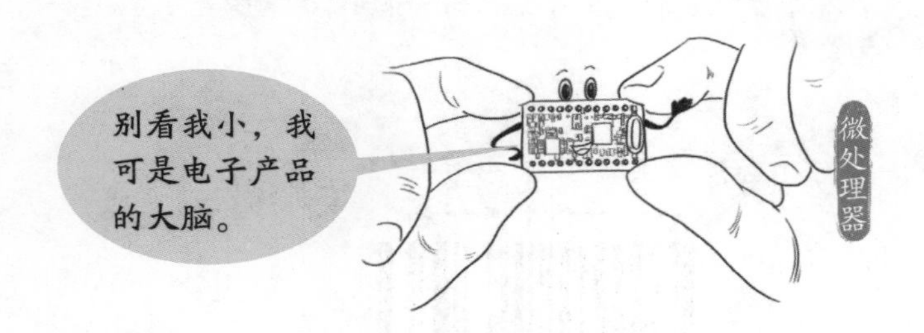

早期的微型处理器并非一般民众可以接触的产品，它是一项**军事科技**。1968 年，美国的加勒特航空研究所就开始研制一种体积更小更可靠的微处理器，应用于战斗机的机载计算机。

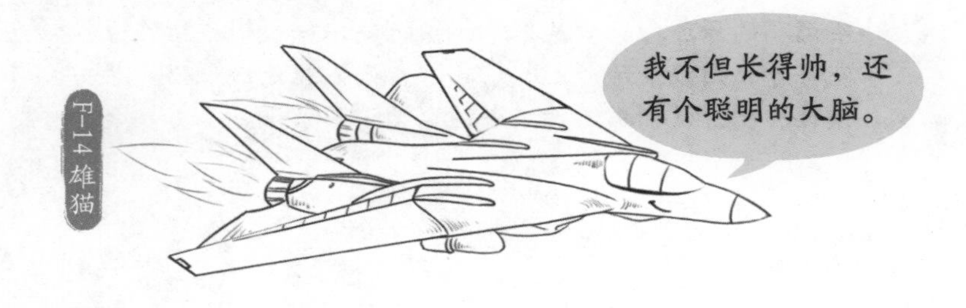

直到 1968 年微处理器才开始走向民用，戈登·摩尔和罗伯特·诺伊斯在美国加利福尼亚州一起创立了英特尔公司。他们开发出了世界上**第一款商用处理器——英特尔 4004**，它拥有 2300 个晶体管，每秒最多可以运算 9 万次。

1978 年，英特尔又推出了**英特尔 8086**，它集成了大约 2.9 万个晶体管，处理速度提高了非常多。

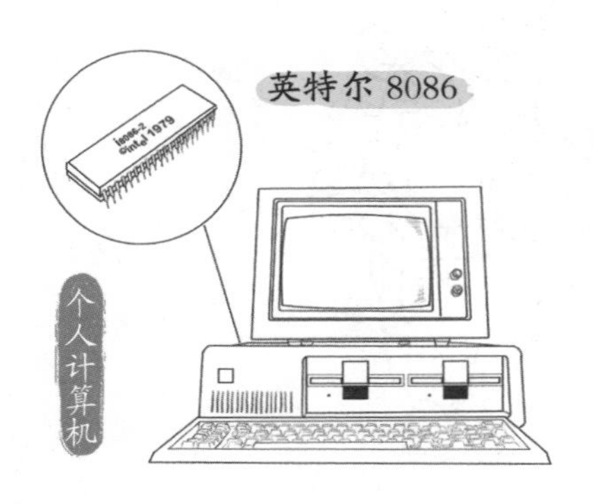

“英特尔 8086”是第一款高效的民用微处理器，IBM（著名计算机生产厂商）生产的第一台电脑就是用了这款芯片。

在英特尔 8086 高效性能的基础上，英特尔公司**推出了个人计算机**，一般民众也可以使用计算机了。科技智能时代的大门就此打开。

信息时代

联通看不到的世界——互联网

互联网又称为因特网，指的是电脑网络与网络之间所串连成的庞大网络。互联网最早始于 1969 年的美国，当时的美国政府为了方便沟通，在军队和政府内部建立起**连接各个计算机系统的通信网络**。当时的互联网技术还属于军事机密，没有对外公布。

直到 30 多年前，美国政府才将互联网对整个社会开放，人们发现这项新技术**十分方便、高效**，人们可以通过网络分享数据，联系起来很方便。伴随着网络还出现了各种方便的新程序，如电子邮件、网站、搜索引擎等，人类社会的信息化程度大幅提高。

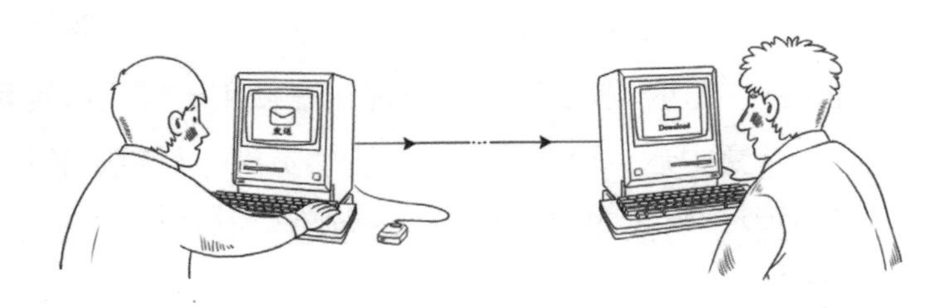

今天的互联网为用户提供了高效的工作环境，人们可以通过互联网进行听歌、看视频、购物等娱乐消费。随着通信技术的发展，上网终端已经不限于台式电脑和移动电脑，智能手机、平板电脑、掌上游戏机、眼镜、手表都可以上网。**网络无处不在，网络无所不能**，世界进入“万物联网”的新时代。

信息时代

改变生活方式的道具——库帕发明手机

1973 年 4 月 3 号，一名中年男人站在纽约的街头，从包里掏出一个砖头大小的装置放在耳边开始讲话，引得路人一片围观。他说："尤尔·恩格尔，我现在正在使用一部无线电话跟你通话。"装置中迟迟没有回音，但能感觉到一丝嫉妒和懊恼。使用装置的中年男人叫马丁·库帕，而他手中的就是第一部商业化手机。

马丁·库帕来自一个乌克兰移民家庭。他从小就是一名无线电爱好者，从大学毕业后他满怀希望想在尤尔·恩格尔的"贝尔实验室"就职，当时的尤尔已经在无线电界小有名气，是马丁的崇拜对象，但尤尔并不认可马丁的才能，于是拒绝了他。

马丁被拒后，在贝尔实验室的竞争对手——**摩托罗拉**那里，找到了一份研发移动通信设备的工作。当时的通信技术公司都希望能研究出一种方便携带的通信设备，但都停留在需要一辆通信汽车辅助的形式。

进入摩托罗拉之后，马丁把之前所受的挫折当成动力，带领研发团队很快就研发出了世界上**第一部真正意义上的手机**——一个类似砖头一样的设备，内部有上百个电子元器件组成。马丁拿着这个自己研发的手机，首先就想到了尤尔·恩格尔，于是他就打了这通电话。

有趣的是，在研发手机的时候，马丁甚至不知道应该把它做成什么样子，**手机外观**的灵感来自他喜爱的科幻电视剧《星际迷航》中的通信器。

马丁发明的这部手机，仅能使用 30 分钟左右，需要充电 10 小时，还远达不到可以投入使用的程度。但是在此之后，他继续发奋研发，很快制造出了小巧的手机。

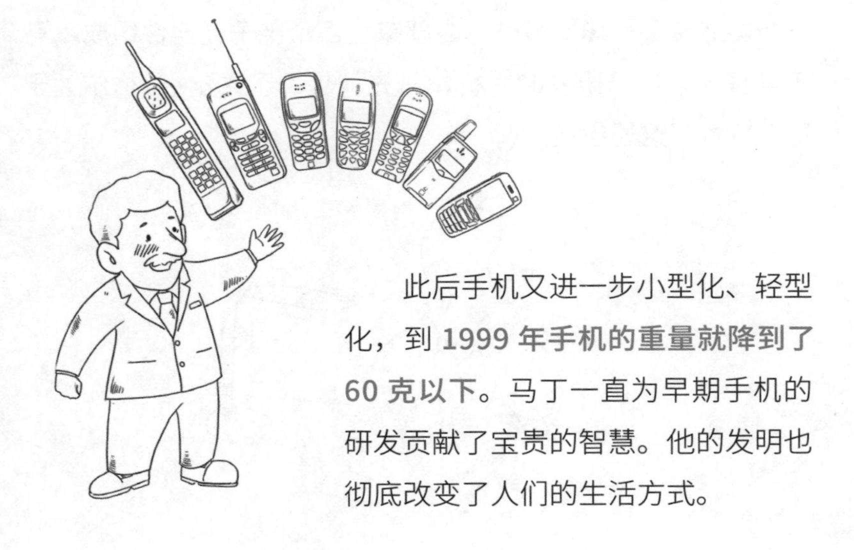

此后手机又进一步小型化、轻型化，到 **1999 年手机的重量就降到了 60 克以下**。马丁一直为早期手机的研发贡献了宝贵的智慧。他的发明也彻底改变了人们的生活方式。

信息时代

再也不会迷失方位——全球卫星定位系统

在古代，人类为了辨别方位通常要**借助于星星的位置或者特定的参照物**，因而绘制了大量地图。但是这些地图都不是很精确，而且想要找到自己的位置也很有难度。

到了现代，人类**借助人造卫星技术**，终于能够打造出可以精确定位的**全球定位系统**（英语 Global Positioning System，通常简称 GPS）。

1970 年，**美国国防部着手研发**全球定位系统。该系统包括太空中的 31 颗人造卫星；地面上 1 个主控站、12 个地面天线站和 16 个监测站。

1994 年，**历时 20 年，耗资 300 亿美元的 GPS 全面建成**，它具有在海、陆、空进行全方位实时三维导航的能力。后来，美国政府将 GPS 系统免费开放给全世界使用，大大方便了人们的出行，人们再也不担心迷路了。

信息时代

记录瞬间的精彩——数码照相机

过去，人们会通过**画画来记录人和事**，这需要耗费大量时间，还需要专业的技巧。为了能方便地记录，人们开始研究**利用光线成像**来记录景象。1550 年，意大利物理学家卡尔达诺用透镜结合小孔成像的现象，用光线得到了清晰的景象，奠定了照相机的原理。

不过直到 1826 年，德国人尼普森才照出了世界上第一张照片。

1839 年 8 月 19 日，法国舞台背景画家**达盖尔**发明出了世界上**第一台真正的照相机**和可以快速显示照片的银版摄影法。在暗箱中，照片仅需 30 分钟就可以清晰地显示出来，但这种照片独一无二，很难进行复制。

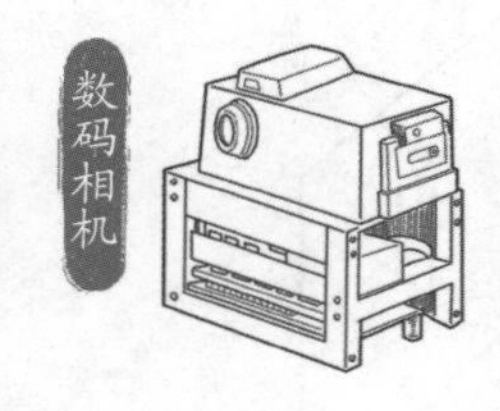

1975 年，柯达公司成功研制出了**数码相机**，照出来的照片可以存储在内存卡中，方便管理和打印。

照相机的发明，让我们能够迅速照出照片，保留眼前风景。现在，照相机的功能已经越来越全面和便捷，让我们可以用最美的方式**记录下瞬间**的精彩。

信息时代

让疾病无处可藏——CT 扫描仪

在对 X 光射线的研究中，科学家发现：当人体中的器官产生病变之后，它们对于 X 光的反射效果会发生变化，将这种反射制成影像，一定就能让隐藏在身体中的疾病无处藏身。

1971 年 9 月，科学家亨斯菲尔德与科马克，结合 X 光放射器和计算机，设计了一套装置。它可以让患者在完全清醒的情况下仰卧，通过装在患者上方的 X 光发射器，对检查部位环绕照射。同时配合在患者下方安装的设备，记录人体对 X 线的吸收情况。经过计算机处理后，以影像的方式呈现在荧幕上。

这种装置的研发非常成功，亨斯菲尔德公布了这一结果，正式宣告了 CT 的诞生（CT 的英文为“Computed Tomography”，即**电子计算机断层扫描**）。这一消息引起了科技界的极大震动。因此，亨斯菲尔德和科马克共同获取 1979 年诺贝尔生理学或医学奖。

信息时代

浓缩信息的小图标——二维码

虽然条形码很方便，但是它的信息容量很小，如商品上的**条形码仅能容纳 13 位的阿拉伯数字**。随着经济迅速发展，人们迫切希望发明一种新的条码，能够帮助人们得到更多的信息。1992 年，美国讯宝科技公司正式推出二维条码技术。

二维码就是在传统的条形码基础上，**增加了一个维度**，把它变成了复杂的图案，因而被称为“二维码”。二维码中的**黑白图案组成了信息矩阵**，可以用扫描器读取信息。二维码的信息含量巨大，是传统的条形码的数百倍。

二维码还兼具成本低廉、使用方便等诸多优点。尤其是二维码有条形码没有的 **“容错机制”**，即使没有识别到全部的条码或是说条码有污损时，也可以正确地展示条码上的信息。因此，二维码快速地替代了条形码，今天无论在哪里，我们都能看到二维码的应用。

信息时代

缔造生命的实验——克隆羊

在人类发现遗传学的奥秘之后，就想要进一步尝试解开生命诞生的秘密。其中的一项重要研究就是克隆。

克隆是英文“clone”的音译，意为“复制”或“转殖”。有别于自然界中传统的双性繁殖，应用克隆技术人们仅仅只需要一个细胞就可以繁殖出新的生命，而新生命与用于克隆的细胞会拥有完全相同的基因。

1996 年 7 月 5 日，英国科学家利用克隆技术，成功生产了一只基因结构与供体完全相同的小羊“多莉”，震惊了世界。

研究人员先将一个绵羊卵细胞中的遗传物质吸出去，使其变成空壳，然后从一只 6 岁的母羊身上取出一个乳腺细胞，将其中的**遗传物质注入卵细胞空壳**中。这样就得到了一个含有新的遗传物质的卵细胞。这一经过改造的卵细胞形成胚胎后，再被植入另一只母羊子宫内。随着母羊的成功分娩，多莉来到了世界。并且多莉和那只 6 岁的母羊，拥有完全一致的遗传特征。

克隆羊实验的成功证明：人类已经可以通过一个小小的哺乳动物细胞，**创造一个完整的生物体**。但是，对于生命的研究还有很多需要谨慎对待的问题，克隆技术在道德方面，仍然引起了很多争议。

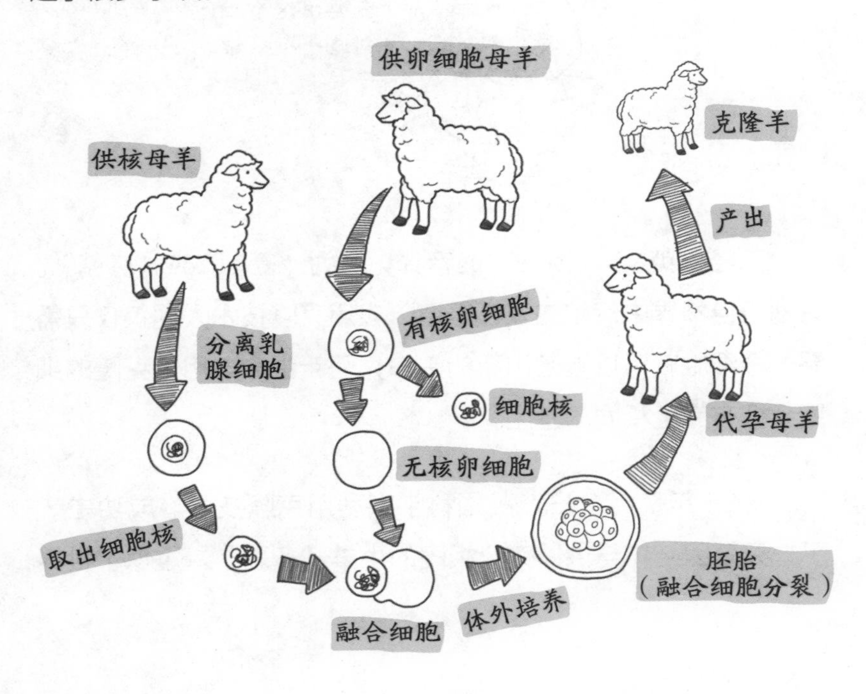

信息时代

人人都爱的新电视——液晶电视

1888年，奥地利植物学家弗里德里希发现了一种神奇的物质——液晶。它**介于固体与液体之间，加热后呈现透明状的液体状态**，冷却后出现结晶颗粒的混浊固体状态，故名“液晶”。但是自发现之后很长时间，液晶并未给人类带来多少实用价值。

1961年，一位名叫海尔曼的美国科学家偶然发现了一个神奇的现象。他在两片透明导电玻璃之间夹上掺有染料的液晶。当在液晶层的两面被加上电压时，液晶在**电流的刺激下会发生固态与液态间的转变**，在变化过程中，光会产生折射效应，因此光射过同一块液晶能够产生各种各样的颜色。

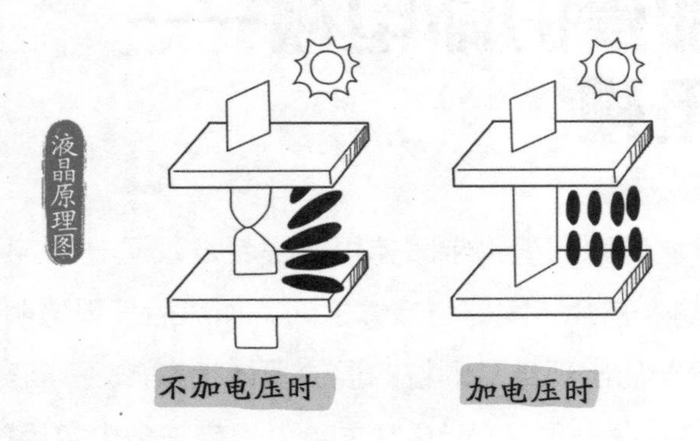

海尔曼立刻意识到这很类似于电视显像。于是兴奋的他立即开始了夜以继日的研究，终于发明出**世界上最早的液晶显示器**。

到了 1987 年，**日本夏普公司**生产出了第一台彩色的液晶电视，并迅速取代了效能较差的传统电视。到 2000 年左右，人们已经普遍使用更为美观的液晶电视。

掌握未来的高科技——量子计算机

简单地说，量子计算机是一种可以实现量子计算的机器，是一种通过**量子效应以实现数学和逻辑运算**，处理和储存信息的装置。这项技术起源于 1982 年，美国物理学家理查德·费曼在一个著名的演讲中提出利用量子效应实现通用计算的想法，之后科学家们预估其运算能力将会是普通计算机的上千万倍。

此后，在 1985 年，**大卫·杜斯**提出了第一台量子计算机（量子图灵机）模型。

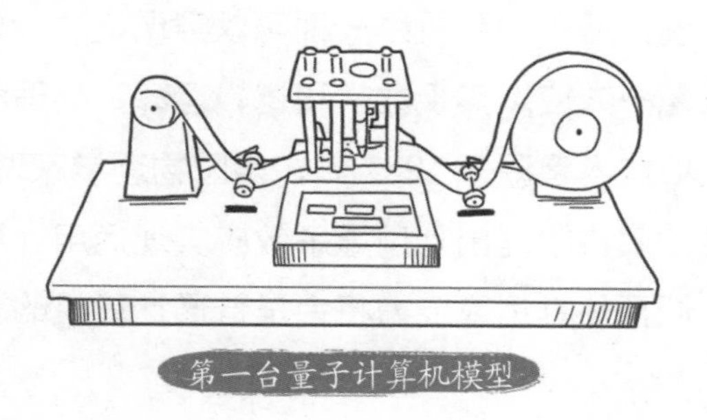

第一台量子计算机模型

量子效应：量子效应简单地讲，就在于量子的两个状态是同时存在，叠加在一起。比如一个量子它有上和下两种状态，而两个量子它就会出现四种状态，即两个同时上、一上一下、一下一上、两个同时下。所以说它就可以同时记录四个信息，或者同时进行四个计算任务。就好比一般的计算机一次只可以干一件事，而量子计算机一次就可以想到四种可能性。

在 2019 年 10 月，**谷歌公司**制造了一台名叫“西克莫（Sycamore）”的量子计算机，“西克莫”可以实现 10 个量子运算，它在 **3 分 20 秒**时间内，可以完成传统计算机需 1 万年时间处理的问题。

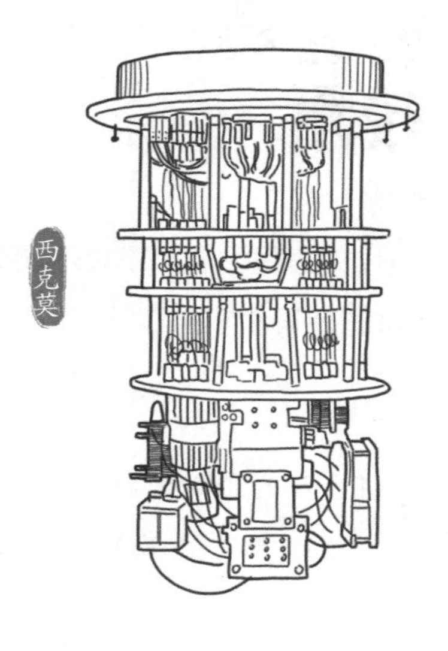

量子计算机超乎想象的性能将会给世界带来前所未有的进步，甚至有人说谁掌握了量子计算机技术，就掌握了未来。

信息时代

创造魔幻的世界——虚拟现实技术

VR 是 Virtual Reality 的缩写，翻译为**虚拟现实**，就是用科技手段给予人体多方面的感官体验，以达到构建虚拟世界的效果。

20 世纪 30 年代，作家斯坦利·G·温鲍姆就在小说**《皮格马利翁的眼镜》**中，提到了这样一种眼镜。当人们戴上它时，可以看到、听到、闻到故事里面的角色感受到的事物，犹如真实地生活在其中一般。这种眼镜其实就是虚拟现实技术，只不过在当时看来非常科幻。

20 世纪 50 年代中期，美国摄影师**莫顿·海利希就发明了第一台 VR 设备**：传感影院（Sensorama）。

这台设备被一些人认为是 VR 设备的鼻祖。它具有一个非常庞大的固定屏幕，拥有 3D 立体声、3D 显示、震动座椅、风扇（模拟风吹）以及气味生成器。

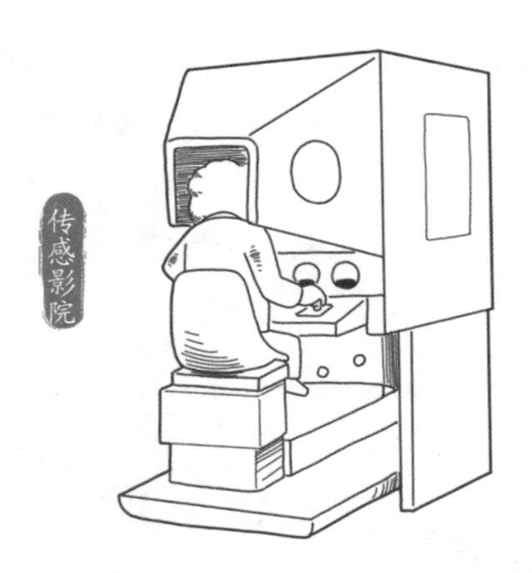

1960 年，莫顿·海利希又提交了一份设计更为巧妙的虚拟现实眼镜的专利文件，仿佛将斯坦利·G·温鲍姆小说里的科幻设备拉到了现实中。但是，这套眼镜**仅拥有立体显示功能**，没有姿态检测系统，当人们戴着眼镜向左右看时，眼镜里的景象不会发生变化。

到了 1968 年，在哈佛大学执教的伊凡·苏泽兰特发表了一份名叫**“终极显示”**（Ultimate Display）的论文，讨论了许多虚拟现实系统的基本设想，成为**虚拟现实技术**的开端。

伊凡设计的眼镜原型，因为重量大，需要由一副机械臂吊在人的头顶，通过超声和机械轴，**实现姿态检测功能**。当用户的头部姿态变化时，计算机会实时计算出新的图形，显示给用户。可以说，这是第一款现代的虚拟现实眼镜。

在伊凡设计出第一款虚拟现实眼镜之后，大量科技技术公司跟进，**虚拟现实技术也进入了它的第一个大众应用领域**——“**电子游戏**”。1990 年，作为电子游戏大国的日本发布了多款虚拟现实产品。不过，这些产品上市后，却因技术不完善而迅速销声匿迹。

直到今天，开发者们仍在探索和**完善虚拟现实技术**，致力于将虚拟技术应用在设计、娱乐、科研等各种领域，相信在不久的将来我们就可以体验 VR 技术带来的神奇体验了。

信息时代大事记

当时间的齿轮转动到 20 世纪时，人类在原子能、电子设备、生物工程、航天技术等领域，取得了非常大的突破，是一场名副其实的科技革命，所以人们将其称为“第三次科技革命”。这场革命的核心，是电子计算机的广泛使用。有了计算机，相关的互联网产业开始如火如荼地发展，人们可以通过网络接受、创造和共享各种各样的信息。这些信息又产生不同的价值，为人们带来知识和便利。人类由此进入了信息化的时代，也就是“信息时代”。

1972	美国总统尼克松访华
1978	中国改革开放
1979	中美建交
1991	苏联解体
1991	海湾战争
1993	欧洲联盟建立
1997	亚洲金融危机
2001	中国加入世界贸易组织
2001	美国入侵阿富汗
2003	美国入侵伊拉克
2008	美国次贷危机